2012 年全国计算机等级考试系列辅导用书

——上机、笔试、智能软件三合—

U0133798

二级 Java 语言

（含公共基础知识）

（2012 年考试专用）

全国计算机等级考试命题研究中心
天合教育金版一考通研究中心 编

机械工业出版社
CHINA MACHINE PRESS

2012年全国计算机等级考试在新大纲的标准下实施。本书依据本次最新考试大纲调整,为考生提供了高效的二级Java语言备考策略。

本书共分为"笔试考试试题"、"上机考试试题"、"笔试考试试题答案与解析"和"上机考试试题答案与解析"四个部分。

第一部分主要立足于最新的考试大纲,解读最新考试趋势与命题方向,指导考生高效备考,通过这部分的学习可了解考试的试题难度以及重点;第二部分主要是针对最新的上机考试题型和考点,配合随书光盘使用,帮助考生熟悉上机考试的环境;第三部分提供了详尽的笔试试题讲解与标准答案,为考生备考提供了可靠的依据;第四部分为考生提供了上机试题的标准答案,帮助考生准确把握上机的难易程度。

另外,本书配备了上机光盘为考生提供真实的模拟环境并且配备了大量的试题以方便考生练习,同时也为考生提供了最佳的学习方案,通过练习使考生从知其然到知其所以然,为考试通过打下坚实的基础。

图书在版编目(CIP)数据

二级Java语言 / 全国计算机等级考试命题研究中心,天合教育金版—考通研究中心编.—北京:机械工业出版社,2011.10
(上机、笔试、智能软件三合一)

2012年全国计算机等级考试系列辅导用书

ISBN 978-7-111-36396-5

Ⅰ.①二… Ⅱ.①全…②天… Ⅲ.①JAVA语言—程序设计—水平考试—自学参考资料Ⅳ.①TP312

中国版本图书馆CIP数据核字(2011)第230382号

机械工业出版社(北京市百万庄大街22号　邮政编码100037)
策划编辑:丁　诚　　　责任编辑:丁　诚
责任印制:杨　曦
保定市中画美凯印刷有限公司印刷
2012年1月第1版第1次印刷
210mm×285mm · 11.75印张 · 435千字
0 001—4 000册
标准书号:ISBN 978-7-111-36396-5
光盘号:ISBN 978-7-89433-170-0
定价:36.00元(含1CD)

凡购本书,如有缺页、倒页、脱页,由本社发行部调换

电话服务　　　　　　　　**网络服务**
社 服 务 中 心:(010)88361066　门户网:http://www.cmpbook.com
销 售 一 部:(010)68326294
销 售 二 部:(010)88379649　教材网:http://www.cmpedu.com
读者购书热线:(010)88379203　**封面无防伪标均为盗版**

前　言

全国计算机等级考试(NCRE)自1994年由教育部考试中心推出以来,历经十余年,共组织二十多次考试,成为面向社会的用于考查非计算机专业人员计算机应用知识与能力的考试,并日益得到社会的认可和欢迎。客观、公正的等级考试为培养大批计算机应用人才开辟了广阔的天地。

为了满足广大考生的备考要求,我们组织了多名多年从事计算机等级考试的资深专家和研究人员精心编写了《2012年全国计算机等级考试系列辅导用书》,本书是该丛书中的一本。本书紧扣考试大纲,结合历年考试的经验,增加了一些新的知识点,删除了部分低频知识点,编排体例科学合理,可以很好地帮助考生有针对性地、高效地做好应试准备。本书由上机考试和笔试两部分组成,配套使用可取得更好的复习效果,提高考试通过率。

一、笔试考试试题

本书中包含的8套笔试试题,由本丛书编写组中经验丰富的资深专家在全面深入研究真题、总结命题规律和发展趋势的基础上精心选编,无论在形式上还是难度上,都与真题一致,是考前训练的最佳选择。

二、上机考试试题

本书包含的30套上机考试试题,针对有限的题型及考点设计了大量考题。本书的上机试题是从题库中抽取全部典型题型,提高备考效率。

三、上机模拟软件

从登录到答题、评分,都与等级考试形式完全一样,评分系统由对考试有多年研究的专业教师精心设计,使模拟效果更加接近真实的考试。本丛书试题的解析由具有丰富实践经验的一线教学辅导教师精心编写,语言通俗易懂,将抽象的问题具体化,使考生轻松、快速地掌握解题思路和解题技巧。

在此,我们对在本丛书编写和出版过程中,给予过大力支持和悉心指点的考试命题专家和相关组织单位表示诚挚的感谢。由于时间仓促,本书在编写过程中难免有不足之处,恳请读者批评指正。

丛书编写组

目　　录

< V >

< Ⅵ >

第1章 考试大纲

考试大纲

基本要求

1.掌握 Java 语言的特点、实现机制和体系结构。

2.掌握 Java 语言中面向对象的特性。

3.掌握 Java 语言提供的数据类型和结构。

4.掌握 Java 语言编程的基本技术。

5.会编写 Java 用户界面程序。

6.会编写 Java 简单应用程序。

7.会编写 Java 小应用程序（Applet）。

8.了解 Java 的应用。

考试内容

一、Java 语言的特点和实现机制

二、Java 体系结构

1. JDK 目录结构。

2. Java 的 API 结构。

3.开发环境设置。

4. Java 程序结构。

三、Java 语言中面向对象的特性

1.面向对象编程的基本概念和特征。

2.类的基本组成和使用。

3.对象的生成、使用和删除。

4.接口与包。

5. Java 类库的常用类和接口。

四、Java 简单数据类型及运算

1.变量和常量。

2.基本数据类型及转换。

3. Java 类库中对简单数据类型的类包装。

4.运算符和表达式运算。

5.数组和字符串。

五、Java 语言的基本语句

1.表达式语句。

2.条件语句。

3.循环语句。

4.注释语句。

5.异常处理。

六、Java 编程技术基础

1. 线程的概念和使用。

2. 同步与共享。

3. 串行化概念和目的。

4. 串行化方法。

5. 串行化的举例。

6. 基于文本的应用。

7. 文件和文件 I/O。

8. 汇集(collections)接口。

七、编写用户界面程序

1. 图形用户界面。

2. AWT 库简介。

3. Swing 简介。

4. AWT 与 Swing 比较。

八、编写小应用程序(Applet)

1. 小应用程序的概念。

2. 安全机制。

3. Applet 的执行过程。

4. Applet 的图形绘制。

5. Applet 的窗口。

6. Applet 的工作环境。

7. Java Application 和 Applet。

九、Java 的应用

十、J2DK 的下载和操作

考试方式

1. 笔试:90 分钟,满分 100 分,其中含公共基础知识部分的 30 分。

2. 上机操作:90 分钟,满分 100 分。

< 2 >

第2章 笔试考试试题

第1套 笔试考试试题

一、选择题

1. 一个栈的初始状态为空。现将元素1、2、3、4、5、A、B、C、D、E依次入栈,然后再依次出栈,则元素出栈的顺序是(   )。

A. 12345ABCDE   B. EDCBA54321

C. ABCDE12345   D. 54321EDCBA

2. 下列叙述中正确的是(   )。

A. 循环队列有队头和队尾两个指针,因此,循环队列是非线性结构

B. 在循环队列中,只需要队头指针就能反映队列中元素的动态变化情况

C. 在循环队列中,只需要队尾指针就能反映队列中元素的动态变化情况

D. 循环队列中元素的个数是由队头指针和队尾指针共同决定的

3. 在长度为z的有序线性表中进行二分查找,最坏情况下需要比较的次数是(   )。

A. $O(n)$ B. $O(n^2)$ C. $O(\log_2 n)$ D. $O(n\log_2 n)$

4. 下列叙述中正确的是(   )。

A. 顺序存储结构的存储一定是连续的,链式存储结构的存储空间不一定是连续的

B. 顺序存储结构只针对线性结构,链式存储结构只针对非线性结构

C. 顺序存储结构能存储有序表,链式存储结构不能存储有序表

D. 链式存储结构比顺序存储结构节省存储空间

5. 数据流图中带有箭头的线段表示的是(   )。

A. 控制流   B. 事件驱动

C. 模块调用   D. 数据流

6. 在软件开发中,需求分析阶段可以使用的工具是(   )。

A. N−S图   B. DFD图

C. PAD图   D. 程序流程图

7. 在面向对象方法中,不属于"对象"基本特点的是(   )。

A. 一致性   B. 分类性

C. 多态性   D. 标识唯一性

8. 一间宿舍可住多个学生,则实体宿舍和学生之间的联系是(   )。

A. 一对一   B. 一对多

C. 多对一   D. 多对多

9. 在数据管理技术发展的三个阶段中,数据共享最好的是(   )。

A. 人工管理阶段   B. 文件系统阶段

C. 数据库系统阶段   D. 3个阶段相同

10. 有如下三个关系R、S和T:

R			S			T		
A	B		B	C		A	B	C
m	1		1	3		m	1	3
n	2		3	5				

由关系R和S通过运算得到关系T,则所使用的运算为(   )。

< 3 >

A. 笛卡儿积　　　　　　　　　　　　　　B. 交

C. 并　　　　　　　　　　　　　　　　　D. 自然连接

11. 下列选项中属于 Java 语言的垃圾回收机制的一项是(　　)。

A. 语法检查　　　　　　　　　　　　　　B. 堆栈溢出检查

C. 跨平台　　　　　　　　　　　　　　　D. 内存跟踪

12. 使用如下(　　)保留字可以使只有在定义该类的包中的其他类才能访问该类。

A. abstract　　　　　　　　　　　　　　B. private

C. protected　　　　　　　　　　　　　D. 不使用保留字

13. 下列命令中,是 Java 编译命令的是(　　)。

A. javac　　　　　　　　　　　　　　　B. java

C. javadoc　　　　　　　　　　　　　　D. appletviewer

14. 下面(　　)是合法的标识符。

A. $ persons　　　　　　　　　　　　　B. 2Users

C. ＊ point　　　　　　　　　　　　　　D. this

15. 下列表达式中正确的是(　　)。

A. 5＋＋　　　　　　　　　　　　　　　B. (a＋b)＋＋

C. ＋＋(a＋b)　　　　　　　　　　　　D. ＋＋x

16. 在 Java 中,所有类的根类是(　　)。

A. java. lang. Object　　　　　　　　　B. java. lang. Class

C. java. applet. Applet　　　　　　　　D. java. awt. Frame

17. 在 Java 中,用 package 语句说明一个包时,该包的层次结构必须是(　　)。

A. 与文件的结构相同　　　　　　　　　　B. 与文件目录的层次相同

C. 与文件类型相同　　　　　　　　　　　D. 与文件大小相同

18. 在读字符文件 Employee. dat 时,使用该文件作为参数的类是(　　)。

A. BufferedReader　　　　　　　　　　B. DataInputStream

C. DataOutputStream　　　　　　　　　D. FileInputStream

19. 下列构造方法的调用方式中,正确的是(　　)。

A. 按照一般方法调用　　　　　　　　　　B. 由用户直接调用

C. 只能通过 new 自动调用　　　　　　　　D. 被系统调用

20. 类 Panel 默认的布局管理器是(　　)。

A. GridLayout　　　　　　　　　　　　B. BorderLayout

C. FlowLayout　　　　　　　　　　　　D. CardLayout

21. 容器类 java. awt. container 的父类是(　　)。

A. java. awt. Window　　　　　　　　　B. java. awt. Component

C. java. awt. Frame　　　　　　　　　　D. java. awt. Panel

22. 下列代码中

if(x＞0){System. out. println("first");}

elseif(x＞－3){System. out. println("second");}

else{System. out. println("third");}

要求打印字符串为"second"时,x 的取值范围是(　　)。

A. x＜＝0 并且 x＞－3　　　　　　　　　B. x＞0

C. x＞－3　　　　　　　　　　　　　　D. x＜＝－3

23. 下列叙述中,错误的是(　　)。

A. File 类能够存储文件　　　　　　　　　B. File 类能够读写文件

C. File 类能够建立文件　　　　　　　　　D. File 类能够获取文件目录信息

24.下列叙述中,正确的是( )。

A. Reader 是一个读取字符文件的接口 　　B. Reader 是一个读取数据文件的抽象类

C. Reader 是一个读取字符文件的抽象类 　　D. Reader 是一个读取字节文件的一般类

25.用于输入压缩文件格式的 ZipInputStream 类所属包是( )。

A. java. util 　　　　　　　　　　　　　　B. java. io

C. java. nio 　　　　　　　　　　　　　　D. java. util. zip

26.下列各项说法中错误的是( )。

A. 共享数据的所有访问都必须使用 synchronized 加锁

B. 共享数据的访问不一定全部使用 synchronized 加锁

C. 所有的对共享数据的访问都是临界区

D. 临界区必须使用 synchronized 加锁

27.对象状态的持久化是通过( )实现的。

A. 文件 　　　　　　　　　　　　　　　　B. 管道

C. 串行化 　　　　　　　　　　　　　　　D. 过滤器

28.下列程序从标准输入设备——键盘读入一个字符,然后输出到屏幕。要想完成此功能,画线处应该填入的语句为( )。

```
import java. io. * ;
public class Test
{
    public static void main (String args[ ])
    {
        char ch;
        try
        {
            _____;
            System. out. println(ch);
        }
        catch(IOException e)
        {
            e. printStackTrace();
        }
    }
}
```

A. ch=System. in. read(); 　　　　　　　B. ch=(char)System. in. read();

C. ch=(char)System. in. readln(); 　　　　D. ch=(int)System. in. read();

29.下列 Java 组件中,不属于容器的是( )。

A. Panel 　　　　　　　　　　　　　　　　B. Window

C. Frame 　　　　　　　　　　　　　　　　D. Label

30.JScrollPane 面板的滚动条是通过哪个对象来实现?( )

A. JViewport 　　　　　　　　　　　　　　B. JSplitPane

C. JTabbedPane 　　　　　　　　　　　　　D. JPanel

31.下列说法中不正确的是( )。

A. Java 语言中的事件都是继承自 Java. awt. AWTEvent 类

B. AWTEvent 类是 EventObject 类的子类

C. Java 的 AWT 事件分为低级事件和高级事件

< 5 >

D. ActionEvent 类是 AWTEvent 类的子类

32. 下列方法中不能适用于所有 Swing 组件的是(　　　)。

A. addKeyListener()　　　　　　　　　　B. addMouseListener()

C. adddMouseMotionListerner()　　　　　D. addAdjustmentListener()

33. 当 Applet 程序中的 init()方法为下列代码时,运行后用户界面会出现的情况,以下描述正确的是(　　　)。

public void init()

{

　　setLayout(new BorderLayout());

　　add("North",new TextField(10));

　　add("Center",new Button("help"));

}

A. 文本框将会出现在 Applet 的顶上,且有 10 个字符的宽度

B. 按钮将会出现在 Applet 的正中间,且尺寸为正好能够包容 help 的大小

C. 文本框将会出现在 Applet 的顶上,从最左边一直延伸到最右边;按钮将会出现在 Applet 的正中间,覆盖除文本框外的所有空间

D. 按钮与文本框的布局依赖于 Applet 的尺寸

34. Applet 的运行过程要经历 4 个步骤,其中不是运行步骤的是(　　　)。

A. 浏览器加载指定 URL 中 HTML 文件　　　B. 浏览器显示 HTML 文件

C. 浏览器加载 HTML 文件中指定的 Applet 类　　D. 浏览器中的 Java 运行环境运行该 Applet

35. 下列命令中用于激活系统守候进程以便能够在 Java 虚拟机上注册和激活对象的是(　　　)。

A. rmic　　　　　　　　　　　　　　　　B. rmiregistry

C. rmid　　　　　　　　　　　　　　　　D. serialver

二、填空题

1. 对下列二叉树进行中序遍历的结果是_____。

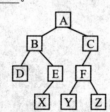

2. 按照软件测试的一般步骤,集成测试应在_____测试之后进行。

3. 软件工程的三要素包括方法、工具和过程,其中,_____支持软件开发的各个环节的控制和管理。

4. 数据库设计包括概念设计、_____和物理设计。

5. 在二维表中,元组的_____不能再分成更小的数据项。

6. 多线程是 Java 语言的_____机制,只能够处理同步共享数据和各种不同的事件。

7. 如果有一个类 MyFrame 是 Frame 的子类,但它不能被实例化,请写出该类的声明头:_____。

8. 执行下面的赋值语句后,a 的值为_____。

a＝Float. valueOf("12. 34"). floatValue();

9. Java 运行时系统通过_____周期性地释放无用对象所使用的内存,以完成对象的消除。

10. 要使处于不同层次,甚至是互不相关的类具有相同的行为,可以采用_____。

11. 关于文件名的处理中,测试当前文件是否为目录,用_____函数。

12. sum 的值为 0,则 result＝sum＝＝0? 1:num/sum 的值为_____。

13. 下面程序段是从对象流中读取对象,请将程序补充完整。

　　import java. util. ＊;

　　import java. io. ＊;

```
public class UnSerializaDate{
Dated＝null；
UnSerializaDate(){
try{
FileInputStream f＝new FileInputStream("date. ser")；
ObjectInputStream s＝new ObjectInputStream(f)；

_____
f. close()；
}
catch(Exceptione){
e. printStackTrace()；
}
}
    public static void main(String args[]){
public static void main(String args[]){
UnSerializaDate a＝new UnSerializaDate()；
System. out. println("The date read is："＋a. d. toString())；
}
}
```

14. 一个类只有实现了_____接口,它的对象才是可串行化的。

15. 请将程序补充完整。

```
import java. awt. * ；
public class FirstFrame extends Frame{
public static void main(String args[]){
FirstFrame fr＝new FirstFrame("First container!")；
fr. setSize(240,240)；
fr. setBackground(Color. yellow)；

_____
}
public FirstFrame(String str){
super(str)；
}
}
```

第2套　笔试考试试题

一、选择题

1. 下面排序算法中,平均排序速度最快的是(　　　)。

A. 冒泡排序法
B. 选择排序法
C. 交换排序法
D. 堆排序法

2. 软件需求分析一般应确定的是用户对软件的(　　　)。

A. 功能需求
B. 非功能需求
C. 性能需求
D. 功能需求和非功能需求

3. 下列说法中,不属于数据模型所描述的内容是(　　　)。

A. 数据结构
B. 数据操作
C. 数据查询
D. 数据约束

4. 下列描述中,不是线性表顺序存储结构特征的是(　　　)。

A. 不便于插入和删除
B. 需要连续的存储空间
C. 可随机访问
D. 需另外开辟空间来保存元素之间的关系

5. 有下列二叉树,对此二叉树前序遍历的结果为(　　　)。

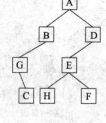

A. ACBEDGFH
B. ABDGCEHF
C. HGFEDCBA
D. ABCDEFGH

6. 使用白盒测试法时,确定测试数据应该根据(　　)和指定的覆盖标准。

A. 程序的内部逻辑
B. 程序的复杂结构
C. 使用说明书
D. 程序的功能

7. 关系数据库管理系统能实现的专门关系运算包括(　　　)。

A. 排序、索引、统计
B. 选择、投影、连接
C. 关联、更新、排序
D. 显示、打印、制表

8. 将 E－R 图转换到关系模式时,实体与实体间的联系可以表示成(　　　)。

A. 属性
B. 关系
C. 键
D. 域

9. 下列有关数组的叙述中,错误的是(　　　)。

A. 在同一个环境下,数组与内存变量可以同名,两者互不影响
B. 可以用一维数组的形式访问二维数组
C. 在可以使用简单内存变量的地方都可以使用数组元素
D. 一个数组中各元素的数据类型可以相同,也可以不同

10. 下列选项中,不属于模块间耦合的是(　　　)。

A. 数据耦合
B. 标记耦合
C. 异构耦合
D. 公共耦合

11. 在 Java 中,负责对字节代码解释执行的是(　　　)。

A. 垃圾回收器
B. 虚拟机
C. 编译器
D. 多线程机制

12. 下列叙述中,正确的是(　　)。

A. Java 语言的标识符是区分大小写的
B. 源文件名与 public 类名可以不相同
C. 源文件的扩展名为.jar
D. 源文件中 public 类的数目不限

13. 下列属于合法的 Java 标识符的是(　　　)。

A. _cat
B. 5books
C. ＋static
D. －3.14159

14. 在 Java 中,表示换行符的转义字符是( )。

A. \n   B. \f

C. 'n'   D. \ddd

15. 在 Java 中,由 Java 编译器自动导入而无需在程序中用 import 导入的包是( )。

A. java. applet   B. java. awt

C. java. util   D. java. lang

16. "++"运算符的操作数个数是( )。

A. 1个   B. 2个

C. 3个   D. 4个

17. 在 switch(expression)语句中,expression 的数据类型不能是( )。

A. double   B. char

C. byte   D. short

18. 下列叙述中,错误的是( )。

A. 父类不能替代子类   B. 子类能够替代父类

C. 子类继承父类   D. 父类包含子类

19. 已知:int[]a=newint[100];在下列给出的数组元素中,非法的是( )。

A. a[0]   B. a[1]

C. a[99]   D. a[100]

20. 在文件类提供的方法中,用于创建目录的方法是( )。

A. mkdir()   B. mkdirs()

C. list()   D. listRoots()

21. 下列程序的执行结果为( )。

```
public class c3
{
  public static void main(String args[])
  {
    int i=13,j=10;
    if(i--->j)
      i++;
    else j--;
    System. out. println(i+"\t"+j);
  }
}
```

A. 13 10   B. 12 11   C. 11 11   D. 12 12

22. 下列程序的输出结果是( )。

```
public class Test
{
  void printValue (int m)
  {
    do {
      System. out. println("The value is"+m)
      }
    while(--m>10)
    }
  public static void main(String args[])
```

```
    {
        int i＝10;
        Test t＝new Test();
        t. printValue(i);
    }
}
```

A. The value is 8   B. The value is 9

C. The value is 10   D. The value is 11

23. for(int x＝0,y＝0;! x&&y≤5;y＋＋)语句执行循环的次数是（　　　）。

A. 0   B. 5

C. 6   D. 无穷

24. 下列描述异常含义的各选项中,正确的是（　　　）。

A. 程序编译错误   B. 程序语法错误

C. 程序自定义的异常事件   D. 程序编译或运行时发生的异常事件

25. 一个 Java Application 运行后,在系统中是作为一个（　　　）。

A. 线程   B. 进程

C. 进程或线程   D. 不确定

26. Thread 类的方法中用于修改线程名字的方法是（　　　）。

A. setName()   B. reviseName()

C. getName()   D. checkAccess()

27. 在创建线程时可以显式地指定线程组,此时可供选择的线程构造方法有（　　　）种。

A. 1   B. 2

C. 3   D. 4

28. 要串行化某些类的对象,这些类必须实现（　　　）。

A. Serializable 接口   B. java. io. Exceptionlizable 接口

C. java. io. DataInput 接口   D. DataOutput 接口

29. 关于集合类描述正确的是（　　　）。

I. 集合类中容纳的都是指向 Object 类对象的指针

II. 集合类容纳的对象都是 Object 的类例

III. 只能容纳对象

IV. 只能容纳基本数据类型

A. I、II、III   B. I、II

C. I、III   D. I、II、III、IV

30. 下列组件不能添加进 Frame 主窗口的是（　　　）。

A. Panel   B. CheckBox

C. Dialog   D. Choice

31. 下面程序段的输出结果为（　　　）。

```
package test;
public class ClassA
{
int x＝20;
static int y＝6;
public static void main(String args[])
{
ClassB b＝new ClassB();
```

```
b. go(10);
System. out. println("x="+b. x);
}
}
class ClassB
{
int x;
void go(int y)
{
ClassA a=new ClassA();
x=a. y;
}
}
```

A. x=10   B. x=20   C. x=6   D. 编译不通过

32. 下面程序段的输出结果为(　　)。

```
public class Test
{
int a,b;
Test()
{
a=100;
b=200;
}
Test(int x,int y)
{
a=x;
b=y;
}
public static void main(String args[])
{
Test Obj1 = new Test(12,45);
System. out. println("a="+Obj1. a+" b="+Obj1. b);
Test Obj2 = new Test();
System. out. println("a="+Obj2. a+" b="+Obj2. b);
}
}
```

A. a=100   b=200   B. a=12   b=45
　 a=12   b=45   　 a=100   b=200
C. a=12   b=200   D. a=100   b=45
　 a=100   b=45   　 a=12   b=200

33. 在匹配器(Matcher)类中,用于寻找下一个模式匹配串的方法是(　　)。

A. static boolean matches()   B. boolean matcher. find()

C. int matcher. start()   D. int matcher. end()

34. 下列说法正确的是(　　)。

A. 共享数据的所有访问都必须作为临界区   B. 用 synchronized 保护的共享数据可以是共有的

< 11 >

C. Java 中对象加锁不具有可重入性   D. 对象锁不能返回

35. 在 Java Applet 程序中，如果对发生的事件做出响应和处理的时候，应该使用下列（   ）语句。

A. import java. awt. event. * ；   B. import java. io. * ；

C. import java. awt. * ；   D. import java. applet. * ；

二、填空题

1. 关系操作的特点是_____操作。

2. 按照逻辑结构分类，结构可以分为线性结构和非线性结构，栈属于_____。

3. 一个类可以从直接或间接的祖先中继承所有属性和方法。采用这个方法提高了软件的_____。

4. 在面向对象程序设计中，从外面看只能看到对象有外部特征，而不知道也无须知道数据的具体结构以及实现操作的算法，这称为对象的_____。

5. 在一个容量为 32 的循环队列中，若头指针 front＝3，尾指针 rear＝2，则该循环队列中共有_____个元素。

6. Java 中的方法的参数传递是_____调用。

7. Java 语言中如果要使用某个包中的类时，需要使用_____导入。

8. 执行下面的程序段，输出结果为_____。

```
public class Q
{
public static void main(String argv[])
{
int anar[]＝new int[5];
System. out. println(anar[0]);
}
}
```

9. 一个具体的线程是由_____、代码和数据组成的。

10. 使得线程放弃当前分得的 CPU 时间，但不使线程阻塞，即线程仍处于可执行状态，随时可能再次分得 CPU 时间的方法是_____。

11. 异常分为运行异常、捕获异常、声明异常和_____。

12. 以下程序计算 1＋1/3＋1/5＋…＋1/(2N＋1)，直至 1/(2N＋1) 小于 0.00001，请在横线处将程序补充完整。

```
public class Sun{
public static void main(String args[]){
int n＝1;
double term,sum＝1.0;
do{
n＝_____;
term＝1.0/n;
sum＝sum＋term;
}
while(term＞＝0.00001);
System. out. println(n);
System. out. println(sum);
}
}
```

13. 创建一个显示"选项"的菜单项对象 mi 的正确语句是_____。

14. 所有由 Container 派生的类称为_____。

15. 下面 ChangeTitle() 中对 b1 和 b2 按钮构造监听器，实现当单击 b1 按钮时标题变为 students，当单击 b2 按钮时标题变为 teachers。请将程序补充完整。

```
public ChangeTitle(){
super("Title Bar");
b1. addActionListener(this);
_____
Jpanel pane＝new Jpanel();
Pane. add(b1);
Pane. add(b2);
SetContentPane(pane);
}
public void actionPerformed(ActionEvent evt){
Object sourve＝evt. getSource();
if(sourve＝＝b1)
setTitle("Students");
else if(source＝＝b2)
setTitle("Teachers");
repaint();
}
```

< 13 >

第3套 笔试考试试题

一、选择题

1. 如果进栈序列为 e1、e2、e3、e4、e5，则可能的出栈序列是（　　）。
   A. e3、e1、e4、e2、e5
   B. e5、e2、e4、e3、e1
   C. e3、e4、e1、e2、e5
   D. 任意顺序

2. 下述关于数据库系统的叙述中，正确的是（　　）。
   A. 数据库系统减少了数据冗余
   B. 数据库系统避免了一切冗余
   C. 数据库系统中数据的一致性是指数据类型一致
   D. 数据库系统比文件系统能管理更多的数据

3. 数据流图用于抽象描述一个软件的逻辑模型，数据流图由一些特定的图符构成。下列图符名标识的图符不属于数据流图合法图符的是（　　）。
   A. 控制流
   B. 加工
   C. 数据存储
   D. 源和终

4. 已知一个有序线性表为(13,18,24,35,47,50,62,83,90,115,134)，当用二分法查找值为 90 的元素时，查找成功的比较次数为（　　）。
   A. 1
   B. 2
   C. 3
   D. 9

5. 有下列二叉树，对此二叉树进行后序遍历的结果为（　　）。
   A. ACBEDGFH
   B. GDBHEFCA
   C. HGFEDCBA
   D. ABCDEFGH

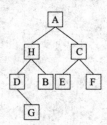

6. 下列关于项目中"移出"文件的说法，正确的是（　　）。
   A. 被移出的文件将直接从磁盘中删除
   B. 被移出的文件将不能被任何项目添加
   C. 被移出的文件只是将文件移出项目，但文件保留在磁盘中
   D. 被移出的文件，以后不能再次添加到原项目中，但可以添加到其他项目中

7. 需求分析阶段的任务是（　　）。
   A. 软件开发方法
   B. 软件开发工具
   C. 软件开发费用
   D. 软件系统功能

8. 设 R 是一个 2 元关系，S 是一个 3 元关系，则下列运算中正确的是（　　）。
   A. R−S
   B. R×S
   C. R∩S
   D. R∪S

9. 结构化分析方法是面向（　　）的自顶向下逐步求精进行需求分析的方法。
   A. 对象
   B. 数据结构
   C. 数据流
   D. 目标

10. 数据库设计包括两个方面的设计内容，它们是（　　）。
    A. 概念设计和逻辑设计
    B. 模式设计和内模式设计
    C. 内模式设计和物理设计
    D. 结构特性设计和行为特性设计

11. 用来导入已定义好的类或包的语句是（　　）。
    A. main
    B. import
    C. public class
    D. class

< 14 >

12.下列叙述中,正确的是(　　)。

A.声明变量时必须指定一个类型　　　　B.Java 认为变量 number 与 Number 相同

C.Java 中唯一的注释方式是"//"　　　　D.源文件中 public 类可以有 0 个或多个

13.下列属于合法的 Java 标识符是(　　)。

A."ABC"　　　　B.&5678

C.＋rriwo　　　　D.saler

14.下列代表十六进制整数的是(　　)。

A.0123　　　　B.1900

C.fa00　　　　D.0xa2

15.在 Java 中,实现用户界面功能的包是(　　)。

A.java.applet　　　　B.javax.transaction

C.java.util　　　　D.java.awt

16.下面(　　)正确表示了 int 类型的聚会范围。

A.$-2^{16}\sim2^{16}-1$　　　　B.$-2^{31}\sim2^{31}-1$

C.$-2^{32}\sim2^{32}-1$　　　　D.$-2^{64}\sim2^{64}-1$

17.在编写 Java 程序的时候,如果不为类的成员变量定义初始值,Java 会给它们设置默认值,下列说法中不正确的是(　　)。

A.Byte 的默认值是 0　　　　B.int 的默认值是 0

C.long 的默认值是 0.0L　　　　D.float 的默认值是 0.0f

18.Java 语言中所有的简单数据类型都被包含在(　　)中。

A.java.sql　　　　B.java.awt

C.java.lang　　　　D.java.math

19.设 a＝8,则表达式 a＞＞＞2 的值是(　　)。

A.1　　　　B.2

C.3　　　　D.4

20.以下各选项中能正确声明一个表示 50 个值为 null 的字符串数组的是(　　)。

A.string [] a;　　　　B.string a[];

C.char a[50][];　　　　D.string a[]＝new String[50]

21.下列程序的输出结果是(　　)。

```
public class ArrayTest
{
  public static void main(String args[])
  {
    int[] intArray＝new int[3]
    for(int i＝0;i<3;i++)
      {
        intArray[i]＝i+2;
        system.out.println("IntArray["+i+"]"＝intArray[i]);
      }
    System.out.println("－－－－－－－－");
    int arrLen＝4;
    IntArray＝new int[arrLen];
    For(int j=intArray.length;j>=0;j--)
      {
        intArray[j]＝j＊3;
```

```
    system. out. println("hello"+intArray[j]);
        }
    }
}
```

A. 编译未通过 　　　　　　　　　　　　　　B. 编译通过,但运行错误

C. 可以运行,但有错误 　　　　　　　　　　D. 以上都不对

22.下列程序的运行结果是(　　　)。

```
Public class sun
{
    Public static void main(String args[])
    {
        int x=4,y=0;
        if(Math. pow(x,2)==16)
            y=x;
        if(Math. pow(x,2)<15)
            y=1/x;
        if(Math. pow(x,2)>15)
            y=(int)Math. pow(x,2)+1;
        system. out. println(y);
    }
}
```

A. 4　　　　　　　　B. 17　　　　　　　　C. 18　　　　　　　　D. 0. 25

23.自定义的异常类可从(　　　)类继承。

A. Error 　　　　　　　　　　　　　　　　B. AWTError

C. VirtualMachineError 　　　　　　　　　D. Exception 及其子集

24. t 为 int 类型,进入下面的循环之前,t 的值为 0。则下列说法中正确的是(　　　)。

while(t=1){…}

A. 循环控制表达式的值为 0 　　　　　　　B. 循环控制表达式的值为 1

C. 循环控制表达式不合法 　　　　　　　　D. 以上说法都不对

25.下面 for 循环语句的执行结果是(　　　)。

```
for(int j=10;j>3;j——)
{
    if(j%3! =0)
        j——;
    ——j;
    ——j;
    System. out. println(j);
}
```

A. 63　　　　　　　　B. 74　　　　　　　　C. 62　　　　　　　　D. 73

26.关于 Applet 执行的操作,下面说法正确的是(　　　)。

A. 在运行时调用其他程序

B. 可以进行文件读/写操作

C. 不能装载动态连接库和调用任何本地方法

D. 试图打开一个 socket 进行网络通信,但是所连接的主机并不是提供 Applet 的主机

27. 下列关于 Applet 生命周期的说法,正确的是( )。
A. voidinit()在 Applet 下载前调用
B. voidstart()只在初始化之后调用
C. voidstop()在关闭浏览器时调用
D. stop()总在 voiddestroy()之前被调用

28. 对于下面语句的说法,不止确的是( )。
Thread thrObj＝new Thread()；
A. 系统没有为该线程对象分配资源
B. 只能启动或者终止
C. 创建了一个空的线程对象
D. 可以调用其他方法

29. 在 Java 中,线程是( )。
A. 分时的
B. 抢占式的
C. 非抢占式的
D. 非分时的

30. 下列关于线程和进程的说法正确的是( )。
A. 进程结构的所有成分都在用户空间内
B. 用户程序能够直接访问进程涉及的数据
C. 线程是内核级的实体
D. 线程结构驻留在用户空间中

31. 下列选项成员变量声明正确的是( )。
A. public protected final int i;
B. abstract class F1{...}
C. private double height;
D. double weight{}

32. 下面程序段的输出结果是( )。
```
class Test{
public static void main(String args[]){
MyThread t＝new MyThread();
t. displayOutput("t has been createD");
t. start();
}
}
Class MyThread extends Thread{
public void displayOutput(String s){
System. out. println(s)；
}
public void run(){
displayOutput("t is running. ");
}
}
```
A. t has been created.

B. t has been created.
　 T is running.

C. t is running.
D. 编译出错

33. 执行下列程序时,会产生什么异常( )。
```
public class Test{
public static void main(String args[]){
int d＝101;
int b＝220;
long a＝321;
System. out. println((a－b)/(a－b－d));
}
}
```
A. ArrayIndexOutOfBoundsException
B. NumberFormatException

C. ArithmeticException　　　　　　　　　　　D. EOFException

34. 下面程序段的输出结果为(　　　)。

```
public class Test
{
public static void main(String args[])
{
booleana,b,c;
a=(3<5);
b=(a==true);
System. out. println("a="+a+"b="+b);
c=(b==false);
System. out. println("b="+b+"c="+c);
}
}
```

A. a＝true b＝false　　　　　　　　　　　B. a＝true b＝false
　　b＝true c＝true　　　　　　　　　　　　　　b＝true c＝false

C. a＝true b＝true　　　　　　　　　　　D. a＝false b＝false
　　b＝true c＝false　　　　　　　　　　　　　　b＝true c＝false

35. 下面程序段的输出结果是(　　　)。

```
public class Test{
public static void main(String args[]){
int a,b;
for(a=1,b=1;a<=100;a++){
if(b>=10)break;
if(b%2==1){
b+=2;
continue;
}
}
System. out. println(a);
}
}
```

A. 5　　　　　　　　　　B. 6　　　　　　　　　　C. 7　　　　　　　　　　D. 101

二、填空题

1. 数据模型分为格式化模型与非格式化模型,层次模型与网状模型属于_____。

2. 排序是计算机程序设计中的一种重要操作,常见的排序方法有插入排序、_____和选择排序。

3. 软件结构是以_____为基础而组成的一种控制层次结构。

4. 栈中允许进行插入和删除的一端叫_____。

5. 在结构化设计方法中,数据流图表达了问题中的数据流与加工间的关系,并且每一个_____实际上对应一个处理模块。

6. 在Java语言中,类按照程序设计所需要的常用方法和接口封装成_____。

7. 下面程序段的输出结果是_____。

```
public class Test{
public static void main(String args[]){
int i=1;
```

```
switch(i){
case0：
System. out. println("0")；
break；
case1：
System. out. println("1")；
case2：
System. out. println("2")；
break；
default：
System. out. println("default")；
}
}
}
```

8. Frame 默认的布局管理器是_____。

9. int 型 public 成员变量 MAX_LENGTH，该值保持为常数 200，则定义这个变量的语句是_____。

10. 8|9&10~11 的结果是_____。

11. 线程在生命周期中要经历 5 种状态，分别是新建状态、可运行状态、运行状态、_____状态和终止状态。

12. FileInputStream 是字节流，BufferedWriter 是字符流，ObjectOutputStream 是_____。

13. break 语句最常见的用法是在 switch 语句中，通过 break 语句退出 switch 语句，使程序从整个 switch 语句后面的_____开始执行。

14. 请阅读下列程序代码，然后将程序的执行结果补充完整。

程序代码：

```
public class throwsException{
static void Proc(intsel)
throws Arithmetic Exception,Array Index Out Of Bounds Exception{
System. out. println("InSituation"＋sel)；
if(sel＝＝0){
System. out. println("noException caught")；
return；
}
else if(sel＝＝1){
int iArray[]＝newint[4]；
iArray[1]＝3；
}
}
public static void main(String args[]){
try{
Proc(0)；
Proc(1)；
}
catch(Array Index Out Of Bounds Exception e){
System. out. println("Catch"＋e)；
}
finally{
```

< 19 >

```
        System. out. println("inProcfinally");
    }
    }
}
```

执行结果：

In Situation 0

no Exception caught

_____

in Proc finally

15. 当使用 Thread t＝new Thread(r)创建一个线程时,表达式:r instranceof Thread 的值是_____。

< 20 >

第4套 笔试考试试题

一、选择题

1. 下列叙述中正确的是（　　）。

A. 栈是"先进先出"的线性表

B. 队列是"先进后出"的线性表

C. 循环队列是非线性结构

D. 有序线性表既可以采用顺序存储结构,也可以采用链式存储结构

2. 支持子程序调用的数据结构是（　　）。

A. 栈　　　　　　　　　　　　　　　　B. 树

C. 队列　　　　　　　　　　　　　　　D. 二叉树

3. 某二叉树有5个度为2的结点,则该二叉树中的叶子结点数是（　　）。

A. 10　　　　　　　　　　　　　　　　B. 8

C. 6　　　　　　　　　　　　　　　　　D. 4

4. 下列排序方法中,最坏情况下比较次数最少的是（　　）。

A. 冒泡排序　　　　　　　　　　　　　B. 简单选择排序

C. 直接插入排序　　　　　　　　　　　D. 堆排序

5. 软件按功能可以分为应用软件、系统软件和支撑软件(或工具软件)。下面属于应用软件的是（　　）。

A. 编辑程序　　　　　　　　　　　　　B. 操作系统

C. 教务管理系统　　　　　　　　　　　D. 汇编程序

6. 下面叙述中错误的是（　　）。

A. 软件测试的目的是发现错误并改正错误

B. 对被调试的程序进行"错误定位"是程序调试的必要步骤

C. 程序调试通常也被称为 Debug

D. 软件测试应严格执行测试计划,排除测试的随意性

7. 耦合性和内聚性是对模块独立性度量的两个标准,下列叙述中正确的是（　　）。

A. 提高耦合性降低内聚性有利于提高模块的独立性

B. 降低耦合性提高内聚性有利于提高模块的独立性

C. 耦合性是指一个模块内部各个元素间彼此结合的紧密程度

D. 内聚性是指模块间互相连接的紧密程度

8. 数据库应用系统中的核心问题是（　　）。

A. 数据库设计　　　　　　　　　　　　B. 数据库系统设计

C. 数据库维护　　　　　　　　　　　　D. 数据库管理员培训

9. 有两个关系 R、S 如下:

	R			S	
A	B	C		A	B
a	3	2		a	3
b	0	1		b	0
c	2	1		c	2

由关系 R 通过运算得到关系 S,则所使用的运算为（　　）。

A. 选择　　　　　　　　　　　　　　　B. 投影

C. 插入　　　　　　　　　　　　　　　D. 连接

< 21 >

10. 将 E—R 图转换为关系模式时,实体和联系都可以表示为(　　)。

A. 属性　　　　　　　　　　　　　　B. 键

C. 关系　　　　　　　　　　　　　　D. 域

11. Java 虚拟机(JVM)运行 Java 代码时,不会进行的操作是(　　)。

A. 加载代码　　　　　　　　　　　　B. 校验代码

C. 编译代码　　　　　　　　　　　　D. 执行代码

12. Java 程序的并发机制是(　　)。

A. 多线程　　　　　　　　　　　　　B. 多接口

C. 多平台　　　　　　　　　　　　　D. 多态性

13. 在方法内部使用,代表对当前对象自身引用的关键字是(　　)。

A. super　　　　　　　　　　　　　B. This

C. Super　　　　　　　　　　　　　D. this

14. 阅读下列程序

```
public class VariableUse{
    public static void main(String[] args){
    int a;
    if(a==8){
        int b = 9;
        System. out. println('a='+a);
        System. out. println('b='+b);
    }
    System. out. println('a='+a);
    System. out. println('b='+b);
    }
}
```

该程序在编译时的结果是(　　)。

A. 变量 a 未赋值

B. 第二个 System. out. println('b = '+b)语句中,变量 b 作用域有错

C. 第二个 System. out. println('a = '+a)语句中,变量 a 作用域有错

D. 第一个 System. out. println('b = '+b)语句中,变量 b 作用域有错

15. 下列不属于 Swing 的构件是(　　)。

A. JButton　　　　　　　　　　　　B. JLabel

C. JFrame　　　　　　　　　　　　D. JPane

16. 对鼠标单击按钮操作进行事件处理的接口是(　　)。

A. MouseListener　　　　　　　　　B. WindowListener

C. ActionListener　　　　　　　　　D. KeyListener

17. AWT 中用来表示颜色的类是(　　)。

A. Font　　　　　　　　　　　　　　B. Color

C. Panel　　　　　　　　　　　　　D. Dialog

18. 下列运算符中,优先级最高的是(　　)。

A. ++　　　　　　　　　　　　　　B. +

C. *　　　　　　　　　　　　　　　D. >

19. Java 语言中属于跳转语句的是(　　)。

A. try　　　　　　　　　　　　　　B. catch

C. finally　　　　　　　　　　　　D. break

20. 阅读下列利用递归来求 n! 的程序。

```
class FactorialTest{
    static long Factorial(int n){ //定义 Factorial()方法
        if(n==1)
            return 1;
        else
            return n * Factorial(_____);
    }
    public static void main(String a[]){ // main()方法
        int n=8;
        System.out.println(n+"! = "+Factorial(n));
    }
}
```

为保证程序正确运行,在下画线处应该填入的参数是(   )。

A. n−1   B. n−2   C. n   D. n+1

21. 阅读下列代码。

```
public class Person{
    static int arr[ ] = new int[10];
    public static void main(String args) {
        System.out.println(arr[9]);
    }
}
```

该代码的运行结果是(   )。

A. 编译时将产生错误   B. 编译时正确,运行时将产生错误

C. 输出零   D. 输出空

22. 在 Java 中,若要使用一个包中的类时,首先要求对该包进行导入,其关键字是(   )。

A. import   B. package

C. include   D. packet

23. 继承是面向对象编程的一个重要特征,它可降低程序的复杂性并使代码(   )。

A. 可读性好   B. 可重用

C. 可跨包访问   D. 运行更安全

24. 阅读下列代码片段

```
class InterestTest _____ ActionListener{
    ......
    public void actionPerformed(ActionEvent event){
        double interest = balance * rate/100;
        balance += interest;
        NumberFormat format =NumberFormat.getCurrencyInstance();
        System.out.print]b("balance = "+formatter.format(balance));
    }
    Private double rate;
}
```

在下画线处,应填的正确选项是(   )。

A. Implementation   B. Inheritance

C. implements   D. extends

< 23 >

25. 下列方法中,不属于类 String 的方法是( )。

A. toLowerCase()

B. valueOf()

C. charAt()

D. append()

26. grid[9][5]描述的是( )。

A. 二维数组

B. 一维数组

C. 五维数组

D. 九维数组

27. Java 类库中,将信息写入内存的类是( )。

A. java. io. FileOutputStream

B. java. io. ByteArrayOutputStream

C. java. io. BufferedOutputStream

D. java. io. DataOutputStream

28. 阅读下列 Java 语句

ObjectOutputStream out ＝ new ObjectOutputStream(new ＿＿＿＿＿＿＿('employee. dat'))；

在下画线处,应填的正确选项是( )。

A. File

B. FileWriter

C. FileOutputStream

D. Outputstream

29. 使新创建的线程参与运行调度的方法是( )。

A. run()

B. start()

C. init()

D. resume()

30. Java 中的线程模型由三部分组成,与线程模型组无关的是( )。

A. 虚拟的 CPU

B. 程序代码

C. 操作系统的内核状态

D. 数据

31. 当 Applet 需要更新显示内容时,应该调用的方法是( )。

A. paint

B. update()

C. start()

D. repaint()

32. 向 Applet 传递参数的正确描述是( )。

A. ＜param name＝age, value＝20＞

B. ＜applet code＝Try. class width＝100, height＝100, age＝33＞

C. ＜name＝age, value＝20＞

D. ＜applet code＝Try. class name＝age, value＝20＞

33. Applet 的默认布局管理器是( )。

A. BorderLayout

B. FlowLayout

C. GridLayout

D. PanelLayout

34. 阅读下列代码段。

```java
class Test implements Runnable{
    public int run() {
        int i = 0;
        while (true) {
            i++;
            System. out. println('i=`+i);
        }
    }
}
```

上述代码的编译结果是( )。

A. 程序通过编译并且 run()方法可以正常输出递增的 i 值

B. 程序通过编译,调用 run()方法将不显示任何输出

C. 程序不能通过编译,因为 while 的循环控制条件不能为"true"

D. 程序不能通过编译,因为 run()方法的返回值类型不是 void

35. 如果线程调用下列方法,不能保证使该线程停止运行的是( )。

A. sleep()   B. stop()

C. yield()   D. wait()

二、填空题

1. 假设用一个长度为 50 的数组(数组元素的下标从 0 到 49)作为栈的存储空间,栈底指针 bottom 指向栈底元素,栈顶指针 top 指向栈顶元素,如果 bottom＝49,top＝30(数组下标),则栈中具有_____个元素。

2. 软件测试可分为白盒测试和黑盒测试。基本路径测试属于_____测试。

3. 符合结构化原则的三种基本控制结构是选择结构、循环结构和_____。

4. 数据库系统的核心是_____。

5. 在 E－R 图中,图形包括矩形框、菱形框和椭圆框。其中表示实体联系的是_____框。

6. Java 语言中,使用关键字_____对当前对象的父类对象进行引用。

7. 能打印出一个双引号的语句是 System. out. println('_____');。

8. Swing 中用来表示表格的类是 javax. swing. _____。

9. 大多数 Swing 构件的父类是 javax. swing. _____,该类是一个抽象类。

10. "流"(stream)可以看做是一个流动的_____缓冲区。

11. Java 接口内的方法都是公共的、_____的,实现接口就要实现接口内的所有方法。

12. Java 语言的_____可以使用它所在类的静态成员变量和实例成员变量,也可以使用它所在方法中的局部变量。

13. 下列程序构造了一个 Swing Applet,请在下画线处填入正确的代码:

```
import javax. swing. * ;
import java. awt. * ;
public class SwingApplet extends _____{
    JLabel l = new JLabel ('This is a Swing Applet.');
    public void init(){
        Container contentPane = getContentPane();
        contentPane. add(l);
    }
}
```

14. 实现线程交互的 wait()和 notify()方法在_____类中定义。

15. 请在下画线处填入代码,使程序正常运行并且输出"Hello!"

```
class Test _____{
    public static void main(string[] args){
        Test t = new Test();
        t. start();
    }
    Public void run() {
        System. out. println('Hello! ');
    }
}
```

第5套　笔试考试试题

一、选择题

1. 下列数据结构中,属于非线性结构的是(　　)。

A. 循环队列　　　　　　　　　　　　　　B. 带链队列

C. 二叉树　　　　　　　　　　　　　　　D. 带链栈

2. 下列数据结构中,能够按照"先进后出"原则存取数据的是(　　)。

A. 循环队列　　　　　　　　　　　　　　B. 栈

C. 队列　　　　　　　　　　　　　　　　D. 二叉树

3. 对于循环队列,下列叙述中正确的是(　　)。

A. 队头指针是固定不变的　　　　　　　　B. 队头指针一定大于队尾指针

C. 队头指针一定小于队尾指针　　　　　　D. 队头指针可以大于队尾指针,也可以小于队尾指针

4. 算法的空间复杂度是指(　　)。

A. 算法在执行过程中所需要的计算机存储空间

B. 算法所处理的数据量

C. 算法程序中的语句或指令条数

D. 算法在执行过程中所需要的临时工作单元数

5. 软件设计中划分模块的一个准则是(　　)。

A. 低内聚低耦合　　　　　　　　　　　　B. 高内聚低耦合

C. 低内聚高耦合　　　　　　　　　　　　D. 高内聚高耦合

6. 下列选项中不属于结构化程序设计原则的是(　　)。

A. 可封装　　　　　　　　　　　　　　　D. 自顶向下

C. 模块化　　　　　　　　　　　　　　　D. 逐步求精

7. 软件详细设计产生的图如右。该图是(　　)。

A. N－S 图　　　　　　　　　　　　　　B. PAD 图

C. 程序流程图　　　　　　　　　　　　　D. E－R 图

8. 数据库管理系统是(　　)。

A. 操作系统的一部分　　　　　　　　　　B. 在操作系统支持下的系统软件

C. 一种编译系统　　　　　　　　　　　　D. 一种操作系统

9. 在 E－R 图中,用来表示实体联系的图形是(　　)。

A. 椭圆　　　　　　　　　　　　　　　　B. 矩形

C. 菱形　　　　　　　　　　　　　　　　D. 三角形

10. 有三个关系 R,S 和 T 如下:

	R			S			T	
A	B	C	A	B	C	A	B	C
a	1	2	d	3	2	a	1	2
b	2	1				b	2	1
c	3	1				c	3	1
						d	3	2

其中关系 T 由关系 R 和 S 通过某种操作得到,该操作为(　　)。

A. 选择　　　　　　　　　　　　　　　　B. 投影

C. 交　　　　　　　　　　　　　　　　　D. 并

11. 用于设置组件大小的方法是（　　）。

A. paint（　） B. setSize（　）

C. getSize（　） D. repaint（　）

12. 单击窗口内的按钮时,产生的事件是（　　）。

A. MouseEvent B. WindowEvent

C. ActionEvent D. KeyEvent

13. AWT 中用来表示对话框的类是（　　）。

A. Font B. Color

C. Panel D. Dialog

14. 下列运算符中,优先级最高的是（　　）。

A. += B. ==

C. & & D. ++

15. 下列运算结果为 1 的是（　　）。

A. 8>>1 B. 4>>>2

C. 8<<1 D. 4<<<2

16. 下列语句中,可以作为无限循环语句的是（　　）。

A. for(;;) {} B. for(int i=0; i<10000;i++) {}

C. while(false) {} D. do {} while(false)

17. 下列表达式中,类型可以作为 int 型的是（　　）。

A. "abc"+"efg" B. "abc"+'efg

C. 'a'+'b' D. 3+"4"

18. 阅读下列程序。

```
Public class Test implements Runnable{
Private int x=0;
Private int y=o;
boolean flag=true;
Public static void main(string[ ] args) {
Test r =new Test( );
Thead t1=new Thead(r);
Thead t2=new Thead(r);
t1. start( );
t2. start( );
}
Public void run(){
While(flag) {
x++;
y++;
system. out. println("(" +x_ ","+y+")");
if (x>=10)
flag=false;
}
}
}
```

下列对程序运行结果描述的选项中,正确的是（　　）。

A. 每行的(x,y)中,可能有 x≠y;每一对(x,y)值都出现两次。

< 27 >

B.每行的(x,y)中,可能有 x≠y;每一对(x,y)值仅出现一次。

C.每行的(x,y)中,可能有 x=y;每一对(x,y)值都出现两次。

D.每行的(x,y)中,可能有 x=y;每一对(x,y)值都出现一次。

19.如果线程正处于运行状态,则它可能到达的下一个状态是(　　)。

A.只有终止状态　　　　　　　　　　　　　B.只有阻塞状态和终止状态

C.可运行状态,阻塞状态,终止状态　　　　　D.其他所有状态

20.在下列程序的空白处,应填入的正确选项是(　　)。

```
import java. io. * ;
Public class writeInt{
Public static void main(string[ ] a) {
Int[ ] myArray = {10,20,30,40};
try{
DataOutputSystem dos= new DataOutputSystem
(new FileOutputSystem("ints. dat"));
for (int i=0;I<MYARRAY. LENGTH;I++)
dos. writeInt(myArray[i]);
dos. _____ ;
System. out. println
("Have written binary file ints. dat");
}
Catch(IOException ioe)
{ System. out. println("IO Exception");
}
}
}
```

A. start( )　　　　　　B. close( )　　　　　　C. read( )　　　　　　D. write( )

21.在一个线程中调用下列方法,不会改变该线程运行状态的是(　　)。

A. yield 方法　　　　　　　　　　　　　　　B.另一个线程的 join 方法

C. sleep 方法　　　　　　　　　　　　　　　D.一个对象的 notify 方法

22.在关闭浏览器时调用,能够彻底终止 Applet 并释放该 Applet 所有资源的方法是(　　)。

A. stop( )　　　　　　B. destroy( )　　　　　　C. paint( )　　　　　　D. start( )

23.为了将 HelloApplet(主类名为 HelloApplet. class)嵌入在 greeting. html 文件中,应该在下列 greeting. html 文件的横线处填入的代码是(　　)。

```
<HTML>
<HEAD>
<TITLE>Greetings</TITLE>
</HEAD>
<BODY>
<APPLET _____ >
</APPLET>
</BODY>
</HTML>
```

A. HelloApplet. class

B. CODE="HelloApplet. class"

C. CODE="HelloApplet. class" WIDTH=150 HEIGHT=25

D. CODE='HelloApplet.class' VSPACE=10 HSPACE=10

24. 下列变量名的定义中,符合 Java 命名约定的是( )。

A. fieldname
B. super

C. Intnum
D. $ number

25. 自定义异常类的父类可以是( )。

A. Error
B. VirtuaMachineError

C. Exception
D. Thread

26. 阅读下列程序片段。

```
Public void test(){
Try{
sayHello();
system. out. println("hello");
} catch (ArrayIndexOutOfBoundException e) {
System. out. println("ArrayIndexOutOfBoundException");
}catch(Exception e){
System. out. println("Exception");
}finally {
System. out. println("finally");
}
}
```

如果 sayHello( )方法正常运行,则 test( )方法的运行结果将是( )。

A. Hello
B. ArrayIndexOutOfBondsException

C. Exception
   Finally
D. Hello
   Finally

27. 为使 Java 程序独立于平台,Java 虚拟机把字节码与各个操作系统及硬件( )。

A. 分开
B. 结合

C. 联系
D. 融合

28. Java 中的基本数据类型 int 在不同的操作系统平台的字长是( )。

A. 不同的
B. 32 位

C. 64 位
D. 16 位

29. String、StingBuffer 都是( )类,都不能被继承。

A. static
B. abstract

C. final
D. private

30. 下列程序的功能是统计字符串中"array"的个数,在程序的空白处应填入的正确选项是( )。

```
public class FindKeyWords{
public static void main(sring[] args){
sting text=
" An array is a data structur that stores a collection of"
+ "values of the same type . You access each individual value"
+ "through an integer index . For example,if a is an array"
+ "of inergers, then a[i] is the ith integer in the array. ";
Int arrayCount =0;
Int index = -1;
Sting arrarStr ="array";
Index = text. indexof(arrayStr);
```

< 29 >

```
While(index _____ 0) {
++arrayCount；
Index += arrayStr. length();
Index = text. indexof(arrayStr,index);
}
System. out. println
("the text contains" + arrayCount + "arrays");
}
}
```

A. <　　　　　　　　B. =　　　　　　　　C. <=　　　　　　　　D. >=

31. 构造方法名必须与(　　)相同,它没有返回值,用户不能直接调用它,只能通过 new 调用。

A. 类名　　　　　　　　　　　　　　B. 对象名

C. 包名　　　　　　　　　　　　　　D. 变量名

32. 在多线程并发程序设计中,能够给对象 x 加锁的语句是(　　)。

A. x. wait( )　　　　　　　　　　　B. synchronized(x)

C. x. notify( )　　　　　　　　　　D. x. synchronized( )

33. Java 中类 ObjectOutputStream 支持对象的写操作,这是一种字节流,它的直接父类是(　　)。

A. Writer　　　　　　　　　　　　B. DataOutput

C. OutputStream　　　　　　　　　D. ObjectOutput

34. 在下列程序的空白处,应填入的正确选项是(　　)。

```
Import java. io. *；
Pulilc class ObjectStreamTest{
Publilc static void main(string args[]) throws IOException{
ObjectOutputStream oos= new ObjectOutputStream
(new FileOutputStream("serial. bin"));
Java. util. Date d= new Java. util. Date();
Oos _____ (d)；
ObjectInputStream ois=
new ObjectInputStream(new FileOutputStream("serial. bin"));
try{
java. util. date restoredDate =
(Java. util. Date) ois. readObject();
System. out. println
("read object back from serial. bin file:"
+ restoredDate);
}
Catch (ClassNotFoundException cnf) {
System. out. println ("class not found");
}
}
```

A. WriterObject　　　　B. Writer　　　　C. BufferedWriter　　　　D. writerObject

35. Class 类的对象由(　　)自动生成,隐藏在.class 文件中,它在运行时为用户提供信息。

A. Java 编译器　　　　　　　　　　B. Java 解释器

C. Java new 关键字　　　　　　　　D. Java 类分解器

二、填空题

1. 某二叉树有 5 个度为 2 的结点以及 3 个度为 1 的结点,则该二叉树中共有_____个结点。

2.程序流程图中的菱形框表示的是_____。

3.软件开发过程主要分为需求分析、设计、编码与测试四个阶段,其中_____阶段产生"软件需求规格说明书"。

4.在数据库技术中,实体集之间的联系可以是一对一或一对多的,那么"学生"和"可选课程"的联系为_____。

5.人员基本信息一般包括身份证号、姓名、性别、年龄等,其中可以作主关键字的是_____。

6.按照Java的线程模型,代码和_____构成了线程体。

7.在多线程程序设计中,如果采用继承 Thread 类的方式创建线程,则需要重写 Thread 类的_____()方法。

8.在下列Java applet 程序的横线处填入代码,使程序完整并能够正确运行。

Import java. awt. * ;

Import java. applet. * ;

Public class Greeting extends applet{

Public void _____(Graphics g) {

g. drawSting("how are you!",10,10);

}

}

9.在Java语言中,用_____修饰符定义的类为抽象类。

10.在Java中,字符是以16位的_____码表示。

11.请在下列程序的空白处,填上适当的内容:

Import java. awt. * ;

Import java. util. * ;

Class BufferTest{

Public static void main(string args[])

Throws IOException{

FileOutputStream unbuf=

new FileOutputStream("test. one") ;

BufferedOutputStream buf=

new _____ (new FileOutputStream("test. two"));

System. out. println

("write file unbuffered: " + time(unbuf) + "ms");

System. out. println

("write file buffered: " + time(buf) + "ms");

}

Static int time (OutputStream os)

Throws IOException{

Date then = new Date();

for (int i=0; i<50000; i++){

os. write(1);

}

os. close();

return(int)(()new Date()). getTime() - then. getTime());

}

12.代码 System. out. println(066)的输出结果是_____。

13.Swing 中用来表示工具栏的类是javax. swing. _____。

14.表达式(10 * 49.3)的类型是_____型。

15.抛出异常的语句是_____语句。

< 31 >

第6套　笔试考试试题

一、选择题

1.下列叙述中正确的是（　　）。

A.对长度为 n 的有序链表进行查找,最坏情况下需要的比较次数为 n

B.对长度为 n 的有序链表进行对分查找,最坏情况下需要的比较次数为 (n/2)

C.对长度为 n 的有序链表进行对分查找,最坏情况下需要的比较次数为 $(\log_2 n)$

D.对长度为 n 的有序链表进行对分查找,最坏情况下需要的比较次数为 $(n\log_2 n)$

2.算法的时间复杂度是指（　　）。

A.算法的执行时间 　　　　　　　　　　　　B.算法所处理的数据量

C.算法程序中的语句或指令条数 　　　　　　D.算法在执行过程中所需要的基本运算次数

3.软件按功能可以分为应用软件、系统软件和支撑软件(或工具软件),下面属于系统软件的是（　　）。

A.编辑软件 　　　　　　　　　　　　　　　B.操作系统

C.教务管理系统 　　　　　　　　　　　　　D.浏览器

4.软件(程序)调试的任务是（　　）。

A.诊断和改正程序中的错误 　　　　　　　　B.尽可能多地发现程序中的错误

C.发现并改正程序中的所有错误 　　　　　　D.确定程序中错误的性质

5.数据流程图(DFD图)是（　　）。

A.软件概要设计的工具 　　　　　　　　　　B.软件详细设计的工具

C.结构化方法的需求分析工具 　　　　　　　D.面向对象方法的需求分析工具

6.软件生命周期可分为定义阶段、开发阶段和维护阶段。详细设计属于（　　）。

A.定义阶段 　　　　　　　　　　　　　　　B.开发阶段

C.维护阶段 　　　　　　　　　　　　　　　D.上述三个阶段

7.数据库管理系统中负责数据模式定义的语言是（　　）。

A.数据定义语言 　　　　　　　　　　　　　B.数据管理语言

C.数据操纵语言 　　　　　　　　　　　　　D.数据控制语言

8.在学生管理的关系数据库中,存取一个学生信息的数据单位是（　　）。

A.文件 　　　　　　　　　　　　　　　　　B.数据库

C.字段 　　　　　　　　　　　　　　　　　D.记录

9.数据库设计中,用 E－R 图来描述信息结构但不涉及信息在计算机中的表示,它属于数据库设计的（　　）。

A.需求分析阶段 　　　　　　　　　　　　　B.逻辑设计阶段

C.概念设计阶段 　　　　　　　　　　　　　D.物理设计阶段

10.有两个关系 R 和 T 如下:

R				T		
A	B	C		A	B	C
a	1	2		c	3	2
b	2	2		d	3	2
c	3	2				
d	3	2				

则由关系 R 得到关系 T 的操作是（　　）。

A.选择 　　　　　　　　　　　　　　　　　B.投影

C.交 　　　　　　　　　　　　　　　　　　D.并

11. Java 中定义常量的保留字是(　　)。

A. const
B. final
C. finally
D. native

12. 下列关于 Java 布尔类型的描述中,正确的是(　　)。

A. 一种基本的数据类型,它的类型名称为 boolean
B. 用 int 表示类型
C. 其值可以赋给 int 类型的变量
D. 有两个值,1 代表真,0 代表假

13. Java 中所有类的父类是(　　)。

A. Father
B. Dang
C. Exception
D. Object

14. 下列程序段的输出结果是(　　)。

```
int data = 0 ;
char k = 'a' , p = 'f';
data = p - k ;
System. out. printl1n(data) ;
```

A. 0
B. a
C. f
D. 5

15. 下列数中为八进制的是(　　)。

A. 27
B. 0x25
C. 026
D. 028

16. 下列方法中,不属于 Throwable 类的方法是(　　)。

A. printMessage
B. getMessage
C. toString
D. fillStackTrace

17. 下列程序的输出结果是(　　)。

```
Public class Test {
    Public static void main(String[] args) {
        int [] array = (2, 4, 6, 8, 10);
        int size = 6;
        int result = -1;
        try {
            for (int i = 0; i<size && result == -1;)
                if (array[i] == 20) result = i;
        }
        catch(ArithmeticException e) {
            System. out. println("Catch---1");
        }
        catch(ArrayIndexOutOfBoundsException e) {
            System. out. println("Catch---2");
        }
        catch(Exception e) {
            System. out. println("Catch---3");
        }
    }
}
```

A. Catch---1
B. Catch---2
C. Catch---3
D. 以上都不对

18. 下列包中,包含 JOptionPane 类的是(　　)。

A. javax. swing
B. java. lang
C. java. util
D. java. applet

19. 下列选项中，与成员变量共同构成一个类的是（　　）。

A. 关键字　　　　　　　　　　　　　　B. 方法

C. 运算符　　　　　　　　　　　　　　D. 表达式

20. 下列程序的功能是将一个整数数组写入二进制文件，在程序的下画线处应填入的选项是（　　）。

```
import java.io.*;
public class XieShuzu {
    public static void main(String[] a) {
        int [] myArray = (10, 20, 30, 40);
        try {
            DataOutputStream dos =
                new DataOutputStream( new
                    FileOutput Stream("ints.dat"));
            for (int i=0;i < myArray.length; i++)
                dos._____( myArray[i] );
            dos.close();
            System.out.println("已经将整数数组写入二进制文件:ints.dat");
        } catch (IOException ioe)
        { System.out.println("IO Excepr_on"); }
    }
}
```

A. writeArray　　　　B. writeByte　　　　C. writeInt　　　　D. writeDouble

21. Java 中的抽象类 Reader 和 Writer 所处理的流是（　　）。

A. 图像流　　　　　　　　　　　　　　B. 对象流

C. 字节流　　　　　　　　　　　　　　D. 字符流

22. 下列叙述中，错误的是（　　）。

A. 内部类的名称与定义它的类的名称可以相同　　　B. 内部类可用 abstract 修饰

C. 内部类可作为其他类的成员　　　　　　　　　　D. 内部类可访问它所在类的成员

23. 用于在子类中调用被重写父类方法的关键字是（　　）。

A. this　　　　　　　　　　　　　　　B. super

C. This　　　　　　　　　　　　　　　D. Super

24. 下列 Java 语句从指定网址读取 html 文件，在下画线处应填上的选项是（　　）。

Reader in = new _____(new URL(urlString).openStream());

A. Reader　　　　　　　　　　　　　　B. DataOutputStream

C. ByteArray InputStream　　　　　　　D. InputStreamReader

25. 下列不属于表达式语句的是（　　）。

A. ++i;　　　　　　　　　　　　　　　B. --j;

C. b#a;　　　　　　　　　　　　　　　D. b *=a;

26. 下列为窗口事件的是（　　）。

A. MouseEvent　　　　　　　　　　　　B. WindowEvent

C. ActionEvent　　　　　　　　　　　　D. KeyEvent

27. 用鼠标单击菜单项(MenuItem)产生的事件是（　　）。

A. MenuEvent　　　　　　　　　　　　B. ActionEvent

C. KeyEvent　　　　　　　　　　　　　D. MouseEvent

28. 下列不属于逻辑运算符的是（　　）。

A. !　　　　　　B. ||　　　　　　C. &&　　　　　　D. |

29. 当使用 SomeThread t = new SomeThread()创建一个线程时,下列叙述中正确的是(　　)。

A. SomeThread 类是包含 run()方法的任意 Java 类

B. SomeThread 类一定要实现 Runnable 接口

C. SomeThread 类是 Thread 类的子类

D. SomeThread 类是 Thread 类的子类并且要实现 Runnable 接口

30. 在程序的下画线处应填入的选项是(　　)。

```java
public class Test _____ {
  public static void main(String args[]) {
    Test t = new Test();
    Thread tt = new Thread(t);
    tt. start();
  }
  public void run() {
    for(int i=0;i<5;i++) {
      System. out. println("i="+i);
    }
  }
}
```

A. implements Runnable 　　 B. extends Thread 　　 C. implements Thread 　　 D. extends Runnable

31. 为了支持压栈线程与弹栈线程之间的交互与同步,在程序的下画线处依次填入的语句是(　　)。

```java
public class IntStack {
  private int idx = 0;
  private int [] data = new int[8];
  public void push(int i) {
    data[idx]=i;
    idx++;
    _____
    ……
  }
}
```

A. synchronized() 　　　　　　　　　　　　 B. synchronized

　　notify() 　　　　　　　　　　　　　　　　this. wait()

C. synchronized 　　　　　　　　　　　　　 D. Serializable

　　this. notify() 　　　　　　　　　　　　　sleep()

32. 如果线程正处于阻塞状态,不能够使线程直接进入可运行状态的情况是(　　)。

A. sleep()方法的时间到 　　　　　　　　　　B. 获得了对象的锁

C. 线程在调用 t. join()方法后,线程 t 结束 　 D. wait()方法结束

33. 当一个 Applet 被加载后,后续对 Applet 生命周期方法的调用中,可能存在的次序是(　　)。

A. start(),stop(),destroy() 　　　　　　 B. init(),start(),stop(),start(),stop(),destroy()

C. start(),init(),stop(),destroy() 　　　 D. init(),start(),destroy()

34. 在 HTML 文件的<applet>标志中作为可选属性的是(　　)。

A. Applet 主类的文件名 　　　　　　　　　　B. Applet 显示区域的宽度

C. Applet 主类的路径 　　　　　　　　　　　D. Applet 显示区域的高度

35. 如果应用程序要在 Applet 上显示输出,则必须重写的方法是(　　)。

A. Graphics. drawString() 　　　　　　　　B. repaint()

C. paint() 　　　　　　　　　　　　　　　　D. update()

二、填空题

1. 一个队列的初始状态为空。现将元素 A,B,C,D,E,F,5,4,3,2,1 依次入队,然后再依次退队则元素退队的顺序为_____。

2. 设某循环队列的容量为 50,如果头指针 front＝45(指向队头元素的前一位置),尾指针 rear＝10(指向队尾元素),则该循环队列中共有_____个元素。

3. 设二叉树如下所示;对该二叉树进行后序遍历的结果为_____。

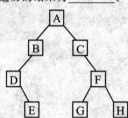

4. 软件是_____、数据和文档的集合。

5. 有一个学生选课的关系,其中学生的关系模式为:学生(学号,姓名,班级,年龄),课程的关系模式为:课程(课号,课程名,学时),其中两个关系模式的键分别是学号和课号,则关系模式选课可定义为:选课(学号,_____,成绩)。

6. C 语言是面向过程的语言,Java 语言是面向_____的语言。

7. Java 字节码文件的扩展名是_____。

8. JDBC 是 Java 程序与_____连接的一种机制。

9. 能够用于创建可变字符串对象的类是_____。

10. _____类在定义数组时,不必限定数组的大小。

11. 下列程序的功能是统计命令行参数的个数,请在下画线处填上适当的代码。

```java
public class Length {
    public static void main(String args[]) {
        System. out. println("number of String args:"+ args. _____);
    }
}
```

12. Java 中的返回语句是_____语句。

13. Java 中,线程必须属于一个进程,线程是程序运行中的一个_____。

14. 线程由于调用 sleep()方法进入阻塞状态,当睡眠结束时,该线程将进入_____状态。

15. 在下列 Java Applet 程序的下画线处填入代码,使程序完整并能够正确运行。

```java
import java. applet. * ;
import java. awt. * ;
public class HelloWorld _____ {
    public void paint(Graphics g) {
        g. drawString ("Hello World! ",25,25);
    }
}
```

第7套 笔试考试试题

一、选择题

1. 下列叙述中正确的是(　　)。

A. 线性表的链式存储结构与顺序存储结构所需要的存储空间是相同的

B. 线性表的链式存储结构所需要的存储空间一般多于顺序存储结构

C. 线性表的链式存储结构所需要的存储空间一般要少于顺序存储结构

D. 上述三种说法都不对

2. 下列叙述中正确的是(　　)。

A. 在栈中,栈中元素随栈底指针与栈顶指针的变化而动态变化

B. 在栈中,栈顶指针不变,栈中元素随栈底指针的变化而动态变化

C. 在栈中,栈底指针不变,栈中元素随栈顶指针的变化而动态变化

D. 上述三种说法都不对

3. 软件测试目的是(　　)。

A. 评估软件可靠性　　　　　　　　　　　B. 发现并改正程序中的错误

C. 改正程序中的错误　　　　　　　　　　D. 发现程序中的错误

4. 下面描述中,不属于软件危机表现的是(　　)。

A. 软件过程不规范　　　　　　　　　　　B. 软件开发生产率低

C. 软件质量难以控制　　　　　　　　　　D. 软件成本不断提高

5. 软件生命周期是指(　　)。

A. 软件产品从提出、实现、使用维护到停止使用退役的过程

B. 软件从需求分析、设计、实现到测试完成的过程

C. 软件的开发过程

D. 软件的运行维护过程

6. 面向对象方法中,继承是指(　　)。

A. 一组对象所具有的相似性质　　　　　　B. 一个对象具有另一个对象的性质

C. 各对象之间的共同性质　　　　　　　　D. 类之间共享属性和操作的机制

7. 层次型、网状型和关系型数据库划分原则是(　　)。

A. 记录长度　　　　　　　　　　　　　　B. 文件的大小

C. 联系的复杂程度　　　　　　　　　　　D. 数据之间的联系方式

8. 一个工作人员可以使用多台计算机,而一台计算机可被多个人使用,则实体工作人员与实体计算机之间的联系是(　　)。

A. 一对一　　　　　　　　　　　　　　　B. 一对多

C. 多对多　　　　　　　　　　　　　　　D. 多对一

9. 数据库设计中反映用户对数据要求的模式是(　　)。

A. 内模式　　　　　　　　　　　　　　　B. 概念模式

C. 外模式　　　　　　　　　　　　　　　D. 设计模式

10. 有三个关系 R、S 和 T 如下:

R			S		T			
A	B	C	A	D	A	B	C	D
a	1	2	c	4	c	3	1	4
b	2	1						
c	3	1						

则由关系 R 和 S 得到关系 T 的操作是(　　　)。

A. 自然连接 　　　　　　　　　　　　　B. 交

C. 投影 　　　　　　　　　　　　　　　D. 并

11. 下列特点中不属于 Java 的是(　　　)。

A. 多线程 　　　　　　　　　　　　　　B. 多继承

C. 跨平台 　　　　　　　　　　　　　　D. 动态性

12. Java 的反汇编命令是(　　　)。

A. javap 　　　　　　　　　　　　　　B. javac

C. jdb 　　　　　　　　　　　　　　　D. java

13. 下列变量定义中,不合法的是(　　　)。

A. int sx; 　　　　　　　　　　　　　B. int _123;

C. int Summer 2010_gross_sale; 　　　　D. int ♯dim;

14. 下列选项中为单精度数的是(　　　)。

A. 2 　　　　　　　　　　　　　　　　B. 5. 2

C. 0. 2f 　　　　　　　　　　　　　　D. 023

15. 下列关于 boolean 类型的叙述中,正确的是(　　　)。

A. 可以将 boolean 类型的数值转换为 int 类型的数值

B. 可以将 boolean 类型的数值转换为字符串

C. 可以将 boolean 类型的数值转换为 char 类型的数值

D. 不能将 boolean 类型的数值转换为其他基本数据类型

16. 若定义 int a＝2,b＝2,下列表达式中值不为 4 的是(　　　)。

A. a＊(＋＋b) 　　　　　　　　　　　　B. a＊(b＋＋)

C. a＋b 　　　　　　　　　　　　　　　D. a＊b

17. 下列可以获得构件前景色的方法是(　　　)。

A. getsize() 　　　　　　　　　　　　B. getForeground()

C. getBackground() 　　　　　　　　　D. paint()

18. 下列程序的运行结果是(　　　)。

```java
public class test{
    private String [] data＝{"10","10.5"};
    public void fun(){
        double s＝0;
        for (int i＝0;i＜3;i＋＋){
            try{
                s＝s＋Integer. parseInt(data[i]);
            catch(Exception e){
                System. out. print("error1:" ＋data[i]);
            }
        }
    }
    public static void main(string [] args){
        try{
            test d＝new test();
            d. fun();
        }catch (Exception e){
            System. out. println("error2")
```

```
        }
    }
}
```

A. error1:10.5   B. error2

C. error1:10.5 error2   D. 以上都不对

19.下列程序片段中,能通过编译的是(   )。

A. public abstract class Animal{   B. public abstract class Animal{
   public void speak();}   public void speak(){};}

C. public class Animal{   D. public abstract class Animal{
   pubilc abstract void speak();}   pubilc abstract void speak(){};}

20.下列不属于接口 WindowListener 的方法是(   )。

A. windowClosing()   B. windowClosed()

C. windowMinimized()   D. windowOpened()

21.下列选项中,不能输出 100 个整数的是(   )。

A. for(int i=0;i<100;i++)   B. int i=0;
      System. out. println(i);   do {
                                                    System. out. println(i);
                                                    i++;
                                                 }while(i<100);

C. int i=0;   D. int i=0;
   while(i<100){   while(i<100){
     System. out. println(i);   i++;
     i++;   if(i<100) continue;
   }   System. out. println(i);
                                               }

22.类变量必须带有的修饰符是(   )。

A. static   B. final

C. public   D. volatile

23.下列选项中属于字符串常量的是(   )。

A. ·abc·   B. "abc"

C. [abc]   D. (abc)

24.Java 程序默认引用的包是(   )。

A. java. text 包   B. java. awt 包

C. java. lang 包   D. java. util 包

25.为使下列代码正常运行,应该在下画线处填入的选项是(   )。

ObjectInputStream In=
    new _____(new FileInputStream("employee. doc"));
Employee [] newstaff=(Employee[]) in. readobject();
In. close();

A. Reader   B. InputStream

C. ObjectInput   D. ObjectInputStream

26.下列代码将对象写入的设备是(   )。

ByteArrayOutputStream bout = new ByteArrayOutputStream ();

ObjectOutputStream out = new ObjectOutputStream(bout);

out. writeObject (this);

< 39 >

```
out. close ();
```

A. 内存　　　　　　　　B. 硬盘　　　　　　　　C. 屏幕　　　　　　　　D. 网络

27. 为使下列代码正常运行,应该在下画线处填入的选项是(　　)。

```
int[] numbers = new int[n];
for (int i = 0; i <numbers. _____ ;i++)
  numbers[i] =i+1;
```

A. size　　　　　　　　B. length　　　　　　　C. dimension　　　　　　D. measurement

28. 为使下列代码正常运行,应该在下画线处填入的选项是(　　)。

```
abstract class person{
  public Person (String n){
    name = n;
    }
public _____ String getDescription();
  public String getName() {
    return name;
  }
  private string name;
}
```

A. static　　　　　　　B. private　　　　　　　C. abstract　　　　　　D. final

29. 下列能够正确创建线程的方法是(　　)。

I. 继承 java. lang. Thread 类,并重写 run( )方法

II. 继承 java. lang. Runnable 类,并重写 start( )方法

III. 实现 java. lang. Thread 接口,并实现 run( )方法

IV. 实现 java. lang. Runable 接口,并实现 run( )方法

A. I,III　　　　　　　　B. II,IV　　　　　　　C. II,III　　　　　　　D. I,IV

30. 下列线程状态转换序列,在线程实际运行中可能出现的序列是(　　)。

A. 新建→运行→阻塞→终止　　　　　　B. ……运行→阻塞→可运行→终止

C. ……可运行→运行→阻塞→运行……　　D. 新建→可运行→运行→阻塞→可运行……

31. 为了支持压栈线程与弹栈线程之间的交互与同步,应在下画线处填入的选项是(　　)。

```
public class StackTest {
private int idx=0;
private int[] data=new int[8]
public void push(int i){
synchronized (this){
_____ ;
data(idx)=i;
idx++;
}
}
}……
```

A. this. notify()　　　　B. interrupt()　　　　C. this. wait()　　　　D. sleep()

32. 对下列程序的叙述中,正确的是(　　)。

```
1: public class X extends Thread implements Runnable{
2: public void run(){
3: system. out. println("this is run()");
```

< 40 >

```
4：}
5：public static void main(String args[]){
6：Thread t=new Thread(new X());
7：t. start();
8：}
9：}
```

A. 第 1 行会产生编译错误   B. 第 6 行会产生编译错程

C. 第 6 行会产生运行错误   D. 程序正常运行

33. 下列关于 Applet 的叙述中,正确的是( )。

A. Applet 不仅可以嵌入到浏览器中运行,还可以独立运行

B. Applet 的主类要定义为 Applet 类或 Japplet 类的子类

C. 同一个页面中的 Applet 之间不能通信

D. Applet 不支持多线程

34. 当一个 Applet 所在的 Web 页面被其他页面覆盖后,不可能被调用的 Applet 方法是( )。

A. destroy ( )   B. init ( )

C. stop ( )   D. start ( )

35. 要向 Applet 传递参数,应该在下列 drawing. html 文件的下画线处填入的选项是( )。

```
……
<applet code=DrawImage. class width=100 height=100>
</applet>
……
```

A. <param image,"flower. gif">

B. <param image value=flower. gif>

C. <param name=image value="flower. gif">

D. <param name="image" value="flower. gif">

二、填空题

1. 一个栈的初始状态为空,首先将元素 5,4,3,2,1 依次入栈,然后退栈一次,再将元素 A,B,C,D 依次入栈,之后将所有元素全部退栈,则所有元素退栈(包括中间退栈的元素)的顺序为_____。

2. 在长度为 n 的线性表中,寻找最大项至少需要比较_____次。

3. 一棵二叉树有 10 个度为 1 的结点,7 个度为 2 的结点,则该二叉树共有_____个结点。

4. 仅由顺序、选择(分支)和重复(循环)结构构成的程序是_____程序。

5. 数据库设计的四个阶段是:需求分析,概念设计,逻辑设计和_____。

6. JVM 指的是 Java _____。

7. Java 中的字符变量在内存中占_____位(bit)。

8. Java 语言对简单数据类型进行了类包装,int 对应的包装类是_____。

9. 继承性是面向对象方法的一个基本特征,它使代码可_____。

10. 抽象类中含有没有实现的方法,该类不能_____。

11. 在 Java 的输入输出流中,数据从数据源流向数据目的是,流的传送是_____行的。

12. Swing 中用来表示进程条的类是 javax. swing. _____。

13. 下列程序创建了一个线程并运行,请在下画线处填入正确代码。

```
public class Try extends Thread{
public static void main(String args[]){
Thread t=new Try();
_____;
}
```

< 41 >

```
public void run(){
System. out. println("Try!");
}
}
```

14. Java 中线程的_____是由 java. lang. Thread 类的 run()方法定义的。

15. 请在下画线处填入代码,使程序能够正确运行。

```
import java. awt. * ;
import java. applet. * ;
public class SayHi extends Applet{
public void _____(Graphics g){
g. drawString("Hi! ",20,20);
}
}
```

< 42 >

第8套 笔试考试试题

一、选择题

1. 下列关于栈叙述正确的是（　　）。

A. 栈顶元素能最先被删除　　　　　　　　B. 栈顶元素最后才能被删除

C. 栈底元素永远不能被删除　　　　　　　D. 以上三种说法都不对

2. 下列叙述中正确的是（　　）。

A. 有一个以上根结点的数据结构不一定是非线性结构

B. 只有一个根结点的数据结构不一定是线性结构

C. 循环链表是非线性结构

D. 双向链表是非线性结构

3. 某二叉树共有7个结点，其中叶子结点只有1个，则该二叉树的深度为（假设根结点在第1层）（　　）。

A. 3　　　　　　　　　　　　　　　　　　B. 4

C. 6　　　　　　　　　　　　　　　　　　D. 7

4. 在软件开发中，需求分析阶段产生的主要文档是（　　）。

A. 软件集成测试计划　　　　　　　　　　B. 软件详细设计说明书

C. 用户手册　　　　　　　　　　　　　　D. 软件需求规格说明书

5. 结构化程序所要求的基本结构不包括（　　）。

A. 顺序结构　　　　　　　　　　　　　　B. GOTO跳转

C. 选择（分支）结构　　　　　　　　　　D. 重复（循环）结构

6. 下面描述中错误的是（　　）。

A. 系统总体结构图支持软件系统的详细设计

B. 软件设计是将软件需求转换为软件表示的过程

C. 数据结构与数据库设计是软件设计的任务之一

D. PAD图是软件详细设计的表示工具

7. 负责数据库中查询操作的数据库语言是（　　）。

A. 数据定义语言　　　　　　　　　　　　B. 数据管理语言

C. 数据操纵语言　　　　　　　　　　　　D. 数据控制语言

8. 一个教师可讲授多门课程，一门课程可由多个教师讲授。则实体教师和课程间的联系是（　　）。

A. 1:1 联系　　　　　　　　　　　　　　B. 1:m 联系

C. m:1 联系　　　　　　　　　　　　　　D. m:n 联系

9. 有三个关系 R，S 和 T 如下：

	R			S		T
A	B	C		A	B	C
a	1	2		c	3	1
b	2	1				
c	3	1				

则由关系 R 和 S 得到关系 T 的操作是（　　）。

A. 自然连接　　　　　　B. 交　　　　　　　　C. 除　　　　　　　　D. 并

10. 定义无符号整数类为 UInt，下面可以作为类 UInt 实例化值的是（　　）。

A. −369　　　　　　　　　　　　　　　　B. 369

C. 0.369　　　　　　　　　　　　　　　　D. 整数集合{1,2,3,4,5}

11.下列关于面向对象的论述中,正确的是(　　)。

A.面由对象是指以对象为中心,分析、设计和实现应用程序的机制

B.面向对象是指以功能为中心,分析、设计和实现应用程序的机制

C.面向对象仅适用于程序设计阶段

D.面向对象是一种程序设计语言

12.语句"Hello".equals("hello");的正确执行结果是(　　)。

A. true
B. false
C. 0
D. 1

13.下列关于 Java 源程序结构的论述中,正确的是(　　)。

A.一个文件包含的 import 语句最多1个
B.一个文件包含的 public 类最多1个
C.一个文件包含的接口定义最多1个
D.一个文件包含的类定义最多1个

14.下列不属于 Java 关键字的是

A. this
B. super
C. finally
D. NULL

15.下列代码的执行结果是(　　)。

```
public class Test {
    public static void main(String[] args){
        int[]x={0,1,2,3};
        for {int i=0;i<3;1+=2) {
            try {
                system. out. println(x[i+2]/x[i]+x[i+1]);
            } catch (ArithmeticException e) {
                System. out. println("errorl");
            } catch (Exception e) {
                System. out. println ("error2");
            }
        }
    }
}
```

A. error1
B. error2
C. error1
orror2
D. 2
error2

16.下列整数的定义中,错误的是(　　)。

A. int f=314.;
B. int a=012;
C. int i=189;
D. int d=0x123;

17.要得到某目录下的所有文件名,在下列代码的下画线处应填入的内容是(两个下画线的填写内容相同)
_____ pathName=new _____(args[0]);
String[] fileNames=pathName.list();

A. FileInputStream
B. FileOutputStream
C. File
D. RandomAccessFile

18.在下列代码的下画线处应填入的内容是(　　)。

```
public class FirstSample{
    public static void main(_____ args[]){
        System. out. println("你好!");
    }
}
```

A. staff
B. double
C. int
D. String

19. Object 类中的方法 public int hashCode[],在其子类中覆盖该方法时,其方法修饰符可以是(　　)。

A. protected
B. public
C. private
D. 缺省

20. 下列代码中的内部类名是(　　)。

```
import java. awt. event. * ;
lapoct javax. swing. * ;
class TalkingClock(
    public void start(int interval, final boolean beep){
        ActionListener listener=new
            ActionListener(){
                public void actionPerformed(ActionEvent event){
                    ...
                }
            }
        Timer t=new Timer(interval,listener);
        t. start();
    }
}
```

A. Timer
B. ActionListener
C. listener
D. 匿名

21. 已知 zipname 是一个压缩文件名。则 zipname 在下列代码中出现的正确位置是(　　)。

```
ZipInputStream zin=
    new ZipInputStzeam(new FileInputStream(①));
ZipEntry entry;
while ((entry=zin. getNextEntry(②)) ! = null) {
    fileCombo. addItem(entry. getNamc(③));
    zin. closeEntry(④);
}
zin. close();
```

A. ①
B. ②
C. ③
D. ④

22. 下列代码的执行结果是(　　)。

```
int numbers[] = new int[6];
for(int i=1;i< numbers. length;i++){
    numbers[i]= i-1;
    System. out. print(numbers[i]+ "");
}
```

A. 0 1 2 3 4 5
B. 1 2 3 4 5 6
C. 0 1 2 3 4
D. 1 2 3 4 5

23. Java API 中支持线程的类或接口是(　　)。

Ⅰ. java. lang. Thread

Ⅱ. java. lang. Runnable

Ⅲ. java. lang. ThreadGroup

Ⅳ. java. io. Serializable

A. Ⅰ,Ⅱ
B. Ⅰ,Ⅱ,Ⅲ
C. Ⅰ,Ⅱ,Ⅳ
D. Ⅰ,Ⅱ,Ⅲ,Ⅳ

24. 下列关于 Test 类的定义中,正确的是(　　)。

```
A. class Test implements Runnable{
    public vold run(){ }
    public void someMethod[]{ }
}
```

```
B. class Test implements Runnable(
    public void run();
}
```

< 45 >

C. class Test implements Runnable{　　　　　　　D. class Test implements Runnable{

　　public void someMethod[];　　　　　　　　　　　public void someMethod () {}

　　}　　　　　　　　　　　　　　　　　　　　　　　}

25.下列方法被调用后,一定使调用线程改变当前状态的是(　　　)。

A. notify()　　　　　　　　　　　　　　　　　B. yield()

C. sleep()　　　　　　　　　　　　　　　　　　D. isAlive()

26.在堆栈类 Sharedstack 的定义中,为了保证堆栈在并发操作中数据的正确性,应在下画线处填入的修饰符是(两个下画线的填写内容相同)(　　　)。

```
public class SharedStack{
    _____ int idx＝0;
    _____ char[ ] data＝new char[10];
    public synchtonized void push( char c) {......}
    public synchronized void pop( ) {......}
}
```

A. public　　　　　　　　B.不使用修饰符　　　　　C. private　　　　　　　　D. protected

27.关于下列代码编译或执行结果的描述中,正确的是(　　　)。

```
public class Test{
    public static void main(String args[]){
        TcstThread pml ＝ new TestThread("One")
        pml. start();
        TestThread pm2 ＝ new TestThread("Two")
        pm2. start();
    }
}
class TestThread extends Thread(
    private String sTname＝"";
    TestThread(String s){
        sTname ＝ s;
    }
    public void run(){
        for(int i ＝0;i＜2;i＋＋){
            try{
                sleep (1000);
            } catch (InterruptedException e) {}
            system. out. print (sTname＋" ");
        }
    }
}
```

A.不能通过编译,TestThread 类中不能定义变量和构造方法

B.输出 One One Two Two

C.输出 Two One One Two

D.选项 B 或 C 都有可能出现

28.下列关于 Applet 的叙述中,正确的是(　　　)。

A.为了使 Applet 在浏览器中运行,需要在 HTML 文件中嵌入相应的 Applet 类

B. Applet 不能从外部接收参数

C. Applet 不能使用 javac 命令进行编译

D. Java Applicatlon 与 Applet 都必须包含 main()方法

29. 下列代码的下画线处应填入的方法名是( )。

```
import java. awt. * ;
import java. applet. * ;
public class Hello extends Applet{
    public void _____(Graphics g){
        g. drawString("How are you!",10,10);
    }
}
```

A. repaint   B. println   C. paint   D. show

30. 下列变量的定义中,错误的是( )。

A. int x＝3;   B. float f;d;

C. String s＝"Hello";   D. boolean b＝true;

31. 下列代码的执行结果是( )。

```
int length＝"Hello". length();
System. out. println(length);
```

A. 5   B. 2   C. 10   D. 6

32. 下列代码的编译或执行结果是( )。

```
public class Myval {
    public static void main (string args[]){
        MyVal m = new MyVal ();
        m. aMethod ();
    }
    public void aMethod () {
        boolean b [] = new Boolean [5];
        System. out. println(b[0]);
    }
}
```

A. 1   B. null   C. 0   D. 编译错误

33. 若变量 a 是 String 类型的数据,那么表达式(a＋a)的类型是( )。

A. char   B. String

C. int   D. long

34. Component 类中用于刷新组件的方法是( )。

A. getFont()   B. getName()

C. update()   D. paint()

35. 鼠标在窗口中移动时,产生的事件是( )。

A. ActionEvent   B. PrintEvent

C. KeyEvent   D. MouseEvent

二、填空题

1. 有序线性表能进行二分查找的前提是该线性表必须是_____存储的。

2. 一棵二叉树的中序遍历结果为 DBEAFC,前序遍历结果为 ABDECF,则后序历结果为_____。

3. 对软件设计的最小单位(模块或程序单元)进行的测试通常称为_____测试。

4. 实体完整性约束要求关系数据库中元组的_____属性值不能为空。

5. 在关系 A(S,SN,D)和关系 B(D,CN,NM)中,A 的主关键字是 S,B 的主关键字是 D,则称_____是关系 A 的外码。

6. 若类声明加上修饰符_____,则表示该类不能有子类。

7. Java 的类库中提供 Throwable 类来描述异常,它有 Error 和_____两个直接子类。

8. 类中的某些方法通过类名就可以直接被调用,例如

JoptionPane. showMessageDialog(null,"按确定键退出")中的

showMessageDialog 方法,这种方法称为_____方法。

9. 在对象流中,对象的传送首先要将所传送的对象串行化,也就是实现 Serializable 接口。下列代码中必须实现 Serializable 接口的类是_____。

```
ObjectInput in=
    new ObjectInputStream (new FileInputStream("employee. dat"));
Employee[] newStaff=(Employee[1] in. readobject();
```

10. 下列代码的执行结果是_____。

```
public class Expression {
    public static void main(String arga[] (
        Int v1=10,v2=99,v3=0;
        System. out. prIntln((v1<0)"((v2/v3)==3));
    }
}
```

11. 语句 Thread threadl=new SomeThreadClass()成功运行后,线程 threadl 处于生命周期的_____状态。

12. Java 的线程调度策略是一种基于优先级的_____式调度。

13. 一个 Applet 被浏览器加载后,是从_____()方法开始执行的。

14. 根据下列类声明,可以得知类 TwoListeners 能够处理两类事件;WindowEvent 和_____。

```
public class TwoListeners implements MouseMotionListener,
    WindowSistener {
    ......
}
```

15. 下列代码的功能是把按钮 save 添加到窗口 myFrame 的中间,在空白处填入的代码是_____。

```
import javax. swing. * ;
public class MyFrame {
    public static void min(String args []) {
        JFrame myFrame=new JFrame();
        JButton save=new JButton("Save");
        myFrame. getContentPane(). add(save,"_____");
        myFramc. setSize(200,200);
        myFrame. setVisible(troe);
    }
}
```

< 48 >

第3章 上机考试试题

第1套 上机考试试题

一、基本操作题

在下画线上补充代码。

本题的功能是输出字符串"welcome!"和表达式"a/b＝c",以及输出"\\do something"。

```
Public class javal{
    Public static void main(String[]args){
        System. out. println(_____);
        System. out. println(_____);
        System. out. println(_____);
    }
}
```

二、简单应用题

下面的程序中,有两个文本框,Input 和 Output,用户在 Input 文本框中输入字符串后回车,字符串会在 Output 文本框中出现。

```
import java. awt. * ;
import java. awt. event. * ;
public class java2 extends Frame{
    public static void main(String args[]){
    java2 f = new java2("java2");
    Panel pan＝new Panel();
    f. init();
    }
    public java2(String str){
    super(str);
    }
    public void init(){
    addWindowListener(new WindowAdapter(){
    public void windowClosing(WindowEvent e){
    System. exit(0);
    }
    }};
    setSize(200,200);
    setLayout(new FlowLayout());
    final TextField tf1 = new TextField(20);
    final TextField tf2 = new TextField(20);
    final Label la1 = new Label("Input:");
    final Label la2 = new Label("Output:");
    tf1. addActionListener(_____{
```

```
public void actionPerformed(ActionEvent e) {
    tf2. setText(_____);
}
});
add(la1);
add(tf1);
add(la2);
add(tf2);
setVisible(true);
}
}
```

三、综合应用题

　　本题的功能是展示 4 种不同的对话框。窗口中有 4 个按钮:"消息"、"输入"、"确定"和"选择",单击任意一个按钮,就能弹出一个对应的对话框。其中,消息对话框只有一个提示信息和一个"确定"按钮,输入对话框有一个供输入的文本框及"确定"和"撤销"两个按钮;确定对话框中有一个提示信息和三个按钮"是"、"否"和"撤销";而选择对话框中有一个提示信息和两个按钮"确定"和"取消"。

```
import javax. swing. * ;
import java. awt. event. * ;
import java. awt. * ;
    public class java3 extends JFrame implements ButtonSelecteActionListener
    {
    JButton btnMessage = new JButton(" 消息 ");
    JButton btnInput = new JButton(" 输入 ");
    JButton btnConfirm = new JButton(" 确认 ");
    JButton btnOption = new JButton(" 选择 ");
    public java3()
    {
    super("java3");
    btnMessage. addActionListener(this);
    btnInput. addActionListener(this);
    btnConfirm. addActionListener(this);
    btnOption. addActionListener(this);
    getContentPane(). setLayout( new FlowLayout() );
    getContentPane(). add(btnMessage);
    getContentPane(). add(btnInput);
    getContentPane(). add(btnConfirm);
    getContentPane(). add(btnOption);
    addWindowListener(new WindowAdapter() {
    public void windowClosing(WindowEvent e) {
     System. exit(0);
    }
    });
    }
    public static void main(String args[])
    {
```

< 50 >

```
java3 fr = new java3();
fr. pack();
fr. setVisible(true);
}
Public void actionperformed(ActionEvent e)
{
Object[] opt = {"确认","取消"};
JButton instance=(JButton)e. getObject();
if( instance == btnMessage )
JOptionPane. showMessageDialog(this,"消息对话框");
else if( instance == btnInput )
JOptionPane. showInputDialog(this,"输入对话框");
else if( instance == btnConfirm )
JOptionPane. showConfirmDialog(this,"确认对话框");
else
JOptionPane. showOptionDialog(this, "选择对话框","选择",JOptionPane. YES_OPTION,JOptionPane. QUES-
TION_MESSAGE,null,opt,opt[1]);
}
}
```

第 2 套　上机考试试题

一、基本操作题

本题随机产生若干字母(A~Z 间),直到出现字母 Q 停止。

```
public class java1{
    public static void main(String[] args) {
        _____;
        do{
        c=(char)(_____);
        System. out. print(c+",");
        }while(_____);
    }
}
```

二、简单应用题

本题用复选框来控制字体的显示,窗口中有一个标签和两个复选按钮,这两个复选按钮分别对应的字体的两个特点:加粗和倾斜,任意选中一个按钮或两个都选中,标签上的字符串就显示对应的字体。

```
import java. awt. * ;
import java. awt. event. * ;
import javax. swing. * ;
class CheckBoxFrame extends JFrame implements ActionListener{
    public CheckBoxFrame(){
    setTitle("CheckBoxTest");
    setSize(300, 200);
    addWindowListener(new WindowAdapter(){
```

< 51 >

```
public void windowClosing(WindowEvent e){
System.exit(0);
}
});
JPanel p = new JPanel();
bold = addCheckBox(p, "Bold");
italic = addCheckBox(p, "Italic");
getContentPane().add(p, "South");
panel = new CheckBoxTestPanel();
getContentPane().add(panel, "Center");
}
public JCheckBox addCheckBox(JPanel p, String name){
JCheckBox c = new JCheckBox(name);
c.addActionListener(_____);
p.add(c);
return c;
}
public void _____{
int m = (bold.isSelected() ? Font.BOLD : 0) + (italic.isSelected() ? Font.ITALIC : 0);
panel.setFont(m);
}
private CheckBoxTestPanel panel;
private JCheckBox bold;
private JCheckBox italic;
}
class CheckBoxTestPanel extends JPanel{
public CheckBoxTestPanel(){
setFont(Font.PLAIN);
}
public void setFont(int m){
setFont(new Font("SansSerif", m, 12));
repaint();
}
public void paintComponent(Graphics g){
super.paintComponent(g);
g.drawString("The quick brown fox jumps over the lazy dog.", 0, 50);
}
}
public class java2{
public static void main(String[] args){
JFrame frame = new CheckBoxFrame();
frame.show();
}
}
```

三、综合应用题

本题的功能是用按钮来控制文本框中文本的颜色。窗口中有两个带有文字标题的面板"Sample text"和"Text color

< 52 >

control",窗口的底部还有一个复选按钮"Disable changes"。在"Sample text"面板中有一个带有字符串的文本框,而在"Text color control"面板中有三个按钮"Black"、"Red"和"Green",并且每个按钮上都有一个对应颜色的圆。单击任意按钮,文本框的文本变成对应的颜色,如果选中"Disable changes"复选框,则三个颜色按钮变为不可用,如果取消选中复选框,则三个按钮变为叫用。

```java
import javax.swing. * ;
import java.awt. * ;
import java.awt.event. * ;
public class java3 extends JFrame {
    private JPanel upper, middle, lower;
    private JTextField text;
    private JButton black, red, green;
    private JCheckBox disable;
    public java3( String titleText ) {
    super( titleText );
    addWindowListener( new WindowAdapter() {
     public void
     windowClosing( WindowEvent e ) {
     System.exit( 0 );
     }
     });
    upper = new JPanel();
    upper.setBorder(BorderFactory.createTitledBorder("Sample text" ) );
    Upper.setlayout(new BorderLayout());
    text = new JTextField( "Change the color of this text" );
    upper.add( text, BorderLayout.CENTER );
    middle = new JPanel();
    middle.setBorder( BorderFactory.createTitledBorder("Text color control" ) );
    middle.setLayout( new FlowLayout( FlowLayout.CENTER ) );
    black = new JButton( "Black",new ColorIcon( Color.black ) );
    black.addActionListener( new ButtonListener( Color.black ) );
    middle.add( black );
    red = new JButton( "Red",new ColorIcon( Color.red ) );
    red.addActionListener(new ButtonListener( Color.red ) );
    middle.add( red );
    green = new JButton( "Green",new ColorIcon( Color.green ) );
    green.addActionListener(new ButtonListener( Color.green ) );
    middle.add( green );
    lower = new JPanel();
    lower.setLayout( new FlowLayout( FlowLayout.RIGHT ) );
    disable = new JCheckBox( "Disable changes" );
    disable.addItemListener( new ItemListener() {
     public void itemStateChanged( ItemEvent e ) {
     boolean enabled
      = ( e.getStateChange()
      == ItemEvent.DESELECTED );
```

< 53 >

```
 black. setEnabled( enabled );
 red. setEnabled( enabled );
 green. setEnabled( enabled );
 }
 }
);
lower. add( disable );
Container cp = getContentPane();
cp. add( upper, BorderLayout. NORTH );
cp. add( middle, BorderLayout. CENTER );
cp. add( lower, BorderLayout. SOUTH );
pack();
setVisible( true );
}
class ButtonListener extends ActionListener{
private Color c;
public ButtonListener( Color c ) {
 this. c=c;
}
public void actionPerformed( ActionEvent e ) {
 text. setForeground( c );
}
}
class ColorIcon implements Icon {
private Color c;
 private static final int DIAMETER = 10;
public ColorIcon( Color c ) {
 c=c;
}
public void paintIcon( Component cp, Graphics g,
int x, int y ) {
 g. setColor( c );
 g. fillOval( x, y, DIAMETER, DIAMETER );
 g. setColor( Color. black );
 g. drawOval( x, y, DIAMETER, DIAMETER );
}

public int getIconHeight() {
 return DIAMETER;
}
public int getIconWidth() {
 return DIAMETER;
}
}
public static void main( String[] args ) {
```
< 54 >

```
new java3( "java3" );
    }
}
```

第 3 套　上机考试试题

一、基本操作题

本题的功能是用冒泡法对数组元素 arr[]—{30,1,−9,70}进行从小到人排列。冒泡法排序是比较相邻的两个元素的大小,然后把小的元素交换到前面。

```
public class java1{
    public static void main(String[] args) {
    int i,j;
    int arr[]={30,1,−9,70};
    int n=_____;
    for(i=0;i<n−1;i++){
    for(j=i+1;j<n;j++){
    if(arr[i]>arr[j]){
    int temp=arr[i];
    _____;
    _____;
    }
    }
    }
    for(i=0;i<n;i++)
    System. out. print(arr[i]+" ");
    }
}
```

二、简单应用题

本题的功能是用按钮来控制文字的颜色。窗口中有三个按钮“Yellow”、“Blue”和“Red”,它们分别对应文字标签中文本的颜色为黄色、蓝色和红色,单击任意一个按钮,文字标签中的文本就变成按钮对应的颜色。

```
import java. awt. * ;
import java. awt. event. * ;
import javax. swing. * ;
class ButtonPanel extends JPanel implements ActionListener{
    public ButtonPanel(){
    yellowButton = new JButton("Yellow");
    blueButton = new JButton("Blue");
    redButton = new JButton("Red");
    jl = new JLabel("I am from China!");
    add(yellowButton);
    add(blueButton);
    add(redButton);
    add(jl);
    yellowButton. addActionListener(this);
```

< 55 >

```
        blueButton. addActionListener(this);
        redButton. addActionListener(this);
        }
        public void actionPerformed(ActionEvent evt){
        Object source = evt. getSource();
        Color color = getForeground();
        if (source == yellowButton) color = Color. yellow;
        else if (source == blueButton) color = Color. blue;
        else if (source == redButton) color = Color. red;
        _____;
        _____;
        }
        private JButton yellowButton;
        private JButton blueButton;
        private JButton redButton;
        private JLabel jl;
    }
class ButtonFrame extends JFrame{
        public ButtonFrame(){
        setTitle("exam_16");
        setSize(300, 200);
        addWindowListener(new WindowAdapter(){
        public void windowClosing(WindowEvent e){
        System. exit(0);
        }
        });
        Container contentPane = getContentPane();
        contentPane. add(new ButtonPanel());
        }
    }
public class java2{
        public static void main(String[] args){
        JFrame frame = new ButtonFrame();
        frame. show();
        }
    }
```

三、综合应用题

本题的功能是监听对于菜单项和工具条的操作。窗口中有一个菜单"Color"和一个工具体,菜单"Color"中有菜单项"Yellow"、"Blue"、"Red"和"Exit",每个菜单项都有对应的图形,单击前三个颜色菜单项,主窗口就变成对应的颜色,单击"Exit"则退出程序。工具条上有 4 个按钮,分别为三个颜色按钮和一个退出程序的按钮,单击任意一个颜色按钮,主窗口将变成按钮对应的颜色,单击退出程序按钮,则退出程序。

```
import java. awt. * ;
import java. awt. event. * ;
import java. beans. * ;
import javax. swing. * ;
```

< 56 >

```java
public class java3
{
    public static void main(String[] args)
    {
    ToolBarFrame frame = new ToolBarFrame();
    frame. setDefaultCloseOperation(JFrame. EXIT_ON_CLOSE);
    frame. show();
    }
}

    class ToolBarFrame extends JFrame
{
    public ToolBarFrame()
    {
    setTitle("java3");
    setSize(DEFAULT_WIDTH, DEFAULT_HEIGHT);
    Container contentPane = getContentPane();
    panel = new JPanel();
    contentPane. add(panel, BorderLayout. CENTER);
    Action blueAction = new ColorAction("Blue",
     new ImageIcon("java3-blue-ball. gif"), Color. BLUE);
    Action yellowAction = new ColorAction("Yellow",
     new ImageIcon("java3-yellow-ball. gif"), Color. YELLOW);
    Action redAction = new ColorAction("Red",
     new ImageIcon("java3-red-ball. gif"), Color. RED);
    Action exitAction = new
     AbstractAction("Exit", new ImageIcon("java3-exit. gif"))
     {
    public void actionPerformed(ActionEvent event)
    {
    System. exit(0);
    }
     };
    exitAction. putValue(Action. SHORT_DESCRIPTION, "Exit");
    JToolBar bar = new JToolBar();
    bar. add(blueAction);
    bar. add(yellowAction);
    bar. add(redAction);
    bar. addSeparator();
    bar. add(exitAction);
    contentPane. addToolBar(bar,BorderLayout. NORTH);
    JMenu menu = new JMenu("Color");
    menu. add(yellowAction);
    menu. add(blueAction);
    menu. add(redAction);
    menu. add(exitAction);
```

< 57 >

```
JMenuBar menuBar = new JMenuBar();
menuBar.add(menu);
SetJMenu(menuBar);
}
public static final int DEFAULT_WIDTH = 300;
public static final int DEFAULT_HEIGHT = 200;
private JPanel panel;
class ColorAction extends AbstractAction
{
public ColorAction(String name, Icon icon, Color c)
{
 putValue(Action.NAME, name);
 putValue(Action.SMALL_ICON, icon);
 putValue(Action.SHORT_DESCRIPTION,
name + " background");
 putValue("Color", c);
}
public void actionPerformed(ActionEvent evt)
{
 Color c = (Color)getValue("Color");
panel.setBackcolor(c);
}
}
}
```

第4套　上机考试试题

一、基本操作题

本题的功能是统计成绩不及格的人数,分数有 89,90,56,90,89,45,23,45,60,59,61。

```
public class java1{
    public static void main(String[] args) {
    int []score={56,90,89,23,45,61,60,59};
    int num=0;
    _____;
    int i=0;
    while(_____){
    if(_____)
    sum++;
    i++;
    }
    System.out.println("<60:"+sum);
    }
}
```

二、简单应用题

本题中,窗口的背景色为系统桌面的颜色,在窗口中分别画空心和实心的黑色矩形、深灰色圆角矩形和浅灰色椭圆形,

< 58 >

并且画白色粗体的"欢迎学习 Java!"字符串。

```java
import java.awt.*;
import javax.swing.*;
public class java2
{
    public static void main(String[] args)
    {
        FillFrame frame = new FillFrame();
        frame.setDefaultCloseOperation(JFrame.EXIT_ON_CLOSE);
        frame.show();
    }
}

class FillFrame extends JFrame
{
    public FillFrame()
    {
        setTitle("java2");
        setSize(WIDTH, HEIGHT);
        FillPanel panel = new FillPanel();
        panel.setBackground(SystemColor.desktop);
        Container contentPane = getContentPane();
        contentPane.add(panel);
    }
    public static final int WIDTH = 400;
    public static final int HEIGHT = 250;
}
class FillPanel extends JPanel
{
    public void paintComponent(Graphics g)
    {
        _____;
        g.setColor(new Color(10, 10, 10));
        g.drawRect(10, 10, 100, 30);
        g.setColor(new Color(100, 100, 100));
        g.drawRoundRect(150, 10, 100, 30, 15, 15);
        g.setColor(new Color(150, 150, 150));
        g.drawOval(280, 10, 80, 30);
        g.setColor(new Color(10, 10, 10));
        g.fillRect(10, 110, 100, 30);
        g.setColor(new Color(100, 100, 100));
        g.fillRoundRect(150, 110, 100, 30, 15, 15);
        g.setColor(new Color(150, 150, 150));
        g.fillOval(280, 110, 80, 30);
        g.setColor(Color.white);
        Font f = new Font("宋体", _____, 20);
```

< 59 >

```
        g. setFont(f);
        g. drawString("欢迎学习 Java!", 150, 200);
    }
}
```

三、综合应用题

本题的功能是对图形进行操作,包括旋转、移位、放大和剪切。窗口中有4个单选按钮和一个图形面板,图形面板中有一个矩形和该矩形移位操作后的图形,任选其中一个单选按钮,则图形面板中将显示该操作后的图形。

```
import java.awt. * ;
import java.awt.event. * ;
import java.awt.geom. * ;
import java.util. * ;
import javax.swing. * ;
public class java3
{
    public static void main(String[] args)
    {
        JFrame frame = new TransformTestFrame();
        frame. setDefaultCloseOperation(JFrame. EXIT_ON_CLOSE);
        frame. show();
    }
}

class TransformTest extends JFrame
{
    public TransformTestFrame()
    {
        setTitle("java3");
        setSize(WIDTH, HEIGHT);
        Container contentPane = getContentPane();
        canvas = new TransformPanel();
        contentPane. add(canvas, BorderLayout. CENTER);
        JPanel buttonPanel = new JPanel();
        ButtonGroup group = new ButtonGroup();
        JRadioButton rotateButton
            = new JRadioButton("旋转", true);
        buttonPanel. add(rotateButton);
        group. add(rotateButton);
        rotateButton. addActionListener(new
            ActionListener()
        {
        public void actionPerformed(ActionEvent event)
        {
        canvas. setRotate();
        }
        });
        JRadioButton translateButton
```

< 60 >

```
   = new JRadioButton("移位", false);
buttonPanel.add(translateButton);
group.add(translateButton);
translateButton.addActionListener(new
 ActionListener()
 {
 public void actionPerformed(ActionEvent event)
 {
 canvas.setTranslate();
 }
 });
JRadioButton scaleButton
 = new JRadioButton("放大", false);
buttonPanel.add(scaleButton);
group.add(scaleButton);
scaleButton.addActionListener(new
 ActionListener()
 {
 public void actionPerformed(ActionEvent event)
 {
 canvas.setScale();
 }
 });
JRadioButton shearButton
 = new JRadioButton("剪切", false);
buttonPanel.add(shearButton);
group.add(shearButton);
shearButton.addActionListener(new
 ActionListener()
 {
 public void actionPerformed(ActionEvent event)
 {
 canvas.setShear();
 }
 });
contentPane.add(buttonPanel, BorderLayout.NORTH);
}
private TransformPanel canvas;
private static final int WIDTH = 300;
private static final int HEIGHT = 300;
}

class TransformPanel extend JPanel
{
 public TransformPanel()
 {
```

< 61 >

```
square = new Rectangle2D. Double(-50, -50, 100, 100);
t = new AffineTransform();
setRotate();
}
public void paintComponent()
{
super. paintComponent(g);
Graphics2D g2 = (Graphics2D)g;
g2. translate(getWidth() / 2, getHeight() / 2);
g2. setPaint(Color. gray);
g2. draw(square);
g2. transform(t);
g2. setPaint(Color. black);
g2. draw(square);
}
public void setRotate()
{
t. setToRotation(Math. toRadians(30));
repaint();
}
public void setTranslate()
{
t. setToTranslation(20, 15);
repaint();
}
public void setScale()
{
t. setToScale(2. 0, 1. 5);
repaint();
}
public void setShear()
{
t. setToShear(-0. 2, 0);
repaint();
}
private Rectangle2D square;
private AffineTransform t;
}
```

第 5 套　上机考试试题

一、基本操作题

本题求一个实数 37.13 的整数部分和小数部分,并打印输出。
```
public class java1{
```

< 62 >

```
public static void main(String[] args) {
_____ d=37.13;
int i;
_____;
double x;
_____;
System. out. println(d+"整数部分:"+i+",小数部分:"+x);
}
}
```

二、简单应用题

本题中,生成了一个窗口,该窗口的长、宽为屏幕长、宽的一半,并且窗口的大小不能改变。

```
import java. awt. * ;
import javax. swing. * ;
public class java2
{
    public static void main(String[] args)
    {
    FrameSize frame = new FrameSize();
    frame. setDefaultCloseOperation(JFrame. EXIT_ON_CLOSE);
    frame. show();
    }
}
class FrameSize extends JFrame
{
    public FrameSize()
    {
    setTitle("java2");
    Toolkit tk = Toolkit. getDefaultToolkit();
    Dimension screenSize = _____;
    int screenHeight = screenSize. height;
    int screenWidth = screenSize. width;
    setSize(screenWidth / 2, screenHeight / 2);
    _____;
    }
}
```

三、综合应用题

本题的功能是定义图形按钮。窗口中有两个图形按钮,当鼠标移上去时,图形按钮的图形将改变,用鼠标单击按钮时图形按钮的图形又发生改变,当鼠标左键松开或者移开鼠标后,图形按钮的图形又恢复原样。

```
import javax. swing. * ;
import java. awt. * ;
public class java3 extend JButton{
public java3(Icon icon, Icon pressed, Icon rollover) {
    this(icon);
    setFocusPainted(false);
    setRolloverEnabled(true);
    setRolloverIcon(rollover);
```

```
            setPressedIcon(pressed);
            setBorderPainted(false);
            setContentAreaFilled(false);
    }
    public static void main(String[] args) {
        java3 b1 = new java3(
        new ImageIcon("java3－redcube.gif"),
        new ImageIcon("java3－redpaw.gif"),
        new ImageIcon("java3－reddiamond.gif"));
        java3 b2 = new java3(
        new ImageIcon("java3－bluecube.gif"),
        new ImageIcon("java3－bluepaw.gif"),
        new ImageIcon("java3－bluediamond.gif"));
        JFrame f = new JFrame();
        f.setTitle("java3");
        f.setDefaultCloseOperation(JFrame.EXIT_ON_CLOSE);
        c=f.getContentpane();
        c.setLayout(new FlowLayout());
        c.add(b1);
        c.add(b2);
        f.pack();
        f.setVisible(true);
    }
}
```

第 6 套　上机考试试题

一、基本操作题

本题是判断一个字符串"Tom"是否在另外一个字符串"I am Tom,I am from China"中出现。

```
public class java1{
    public static void main(String[] args) {
        _____;
        str1="I am Tom，I am from China. ";
        str2="Tom";
        int i=_____;
        if(_____)
        System.out.println("\""+str2+"\" is in the string:\""+str1+"\"");
        else
        System.out.println("\""+str2+"\" is not in the string:\""+str1+"\"");
    }
}
```

二、简单应用题

本题要求分行打印输出当前系统中所有字体的名称。

```
_____;
public class java2
```

< 64 >

```
{
    public static void main(String[] args)
    {
        String[] fontNames = GraphicsEnvironment
        . getLocalGraphicsEnvironment(). getAvailableFontFamilyNames();
        for (int i = 0;_____; i++)
        System. out. println(fontNames[i]);
    }
}
```

三、综合应用题

下面程序中,在主窗口单击鼠标后,就会生成一个新窗口。

```
import java. awt. * ;
import java. awt. event. * ;
public class java3 extends Frame {
    java3() {
        super("java3");
        addNotify();
        addWindowListener(new WindowAdapter() {
        public void windowClosing(WindowEvent e) {
        System. exit(0);
        }
        });
        Insets insets = getInsets();
        setSize(insets. left + insets. right + 150,
        insets. top + insets. bottom + 150);
        this. addMouseListener(MouseEventHandler());
    }
    class MouseEventHandler implements MouseAdapter{
    public void mousePresse(MouseEvent evt){
    Rectangle bounds = getBounds();
    int x = evt. getX() + bounds. x;
    int y = evt. getY() + bounds. y;
    java3 m = new java3();
    m. setLocation(x, y);
    m. show();
    }
    }
    static public void main(String[] args) {
    (new java3()). show();
    }
}
```

< 65 >

第7套 上机考试试题

一、基本操作题

本题将一个整形变量 op1 的二进制的低 3 位全部变成 1。

```java
public class java1{
    public static void main(String[] args) {
    _____ op1＝21；
    int op2＝7；
    _____ res；
    _____；
    System. out. println(res)；
    }
}
```

二、简单应用题

本题的功能是将文件 java2. java 复制为文件 java2. java. bak。

```java
import java. io. * ；
public class java2{
    public static void main(String sarg[]){
    try{File file＝new File("java2. java. bak")；
    _____；
    FileInputStream rfile＝new FileInputStream("java2. java")；
    FileOutputStream wfile＝new FileOutputStream("java2. java. bak")；
    int c；
    while(_____)
    wfile. write((char)c)；
    rfile. close()；
    wfile. close()；
    }catch(Exception e){System. out. println("读取文件的时候发生错误!")；}
    System. out. println("复制操作完成!")；
    }
}
```

三、综合应用题

本题的功能是用复选按钮来控制鼠标右键的弹出菜单是否弹出。窗口中有一个复选按钮"弹出菜单"，如果选中该复选按钮后，鼠标置于窗口上，单击鼠标右键会弹出一个菜单，单击菜单项中的选项后，后台会输出单击的菜单项，如果取消该复选按钮的选择，单击鼠标右键则不能弹出菜单。

```java
import java. awt. * ；
import java. awt. event. * ；
class CanvasWithPopup extends Canvas {
    Popupmenu popup；
    CanvasWithPopup(PopupMenu popup) {
    enableEvents(AWTEvent. MOUSE_EVENT_MASK)；
    this. popup ＝ popup；
    }
```

< 66 >

```
void addPopup() {
add(popup);
}
void removePopup() {
remove(popup);
}
protected void processMouseEvent(MouseEvent evt) {
if (popup. getParent() ! = null && evt. isPopupTrigger()) {
popup. show(evt. getComponent(), evt. getX(), evt. getY());
}
super. processMouseEvent(evt);
}
}
public class java3 extends Frame implements ItemListener, ActionListener {
Checkbox cb = new Checkbox("弹出菜单", false);
CanvasWithPopup canvas;
java3() {
super("java3");
addWindowListener(new WindowAdapter() {
public void windowClosing(WindowEvent e) {
System. exit(0);
}
});
add(cb, BorderLayout. NORTH);
cb. addItemListener(this);
PopupMenu popup = new PopupMenu("Button Control");
popup. add("item1");
popup. add("item2");
popup. addActionListener(this);
canvas = new CanvasWithPopup(popup);
add(canvas, BorderLayout. CENTER);
setSize(100, 200);
show();
}
public void itemStateChanged(ItemEvent evt) {
switch(evt. getState()){
case ItemEvent. SELECTED:
canvas. addPopup();
break;
case ItemEvent. DESELECTED:
canvas. removePopup();
break;
}
}
public void actionPerformed(ActionEvent evt) {
```

< 67 >

```
System. out. printlnCgetActionCommand()＋"is selected");
    }
    static public void main(String[] args) {
    new java3();
    }
}
```

第8套　上机考试试题

一、基本操作题

本题将数组中 arr[]＝{5,6,3,7,9,1}的各个元素按下标的逆序输出。

```
public class java1{
    public static void main(String[] args) {
    int arr[]＝{5,6,3,7,9,1};
    _____;
    n=_____;
    while(n>=0){
    System. out. print(arr[n]＋" ");
    _____;
    }
    }
}
```

二、简单应用题

本题中,用表格表现某个月的月历,其中标题是从 Sunday 到 Saturday,表格中的各项是可以修改的。

```
import java. awt. * ;
import java. awt. event. * ;
import javax. swing. * ;
import javax. swing. table. * ;
public class java2
{
    public static void main(String[] args)
    {
    try {
     UIManager. setLookAndFeel(UIManager. getSystemLookAndFeelClassName());
    }
    catch (Exception e) { }
    JFrame frame = new CalendarTableFrame();
    frame. setDefaultCloseOperation(JFrame. EXIT_ON_CLOSE);
    frame. show();
    }
}
class CalendarTableFrame extends JFrame
{
    private static final int WIDTH = 500;
```

< 68 >

```
private static final int HEIGHT = 150;
private _____ cells =
{
{ null, null, null, new Integer(1), new Integer(2),new Integer(3), new Integer(4) },
{ new Integer(5), new Integer(6), new Integer(7), new Integer(8), new Integer(9), new Integer(10), new Integer(11) },
{ new Integer(12), new Integer(13), new Integer(14), new Integer(15), new Integer(16), new Integer(17), new Integer(18) },
{ new Integer(19), new Integer(20), new Integer(21), new Integer(22), new Integer(23), new Integer(24), new Integer(25) },
{ new Integer(26), new Integer(27), new Integer(28), new Integer(29), new Integer(30), new Integer(31), null }
};
private String[] columnNames = {
"Sunday", "Monday", "Tuesday", "Wednesday", "Thursday", "Friday", "Saturday"
};
public CalendarTableFrame() {
setTitle("java2");
setSize(WIDTH, HEIGHT);
JTable table = new _____;
getContentPane().add(new JScrollPane(table),
 BorderLayout.CENTER);
}
}
```

三、综合应用题

本题的功能是用键盘上的方向键来控制直线的绘制方向。如果一直按向上的方向键,则在窗口中从焦点开始向上缓慢绘制直线,按其他方向键也会向对应的方向缓慢地绘制直线,如果按下<Shift>键的话,绘制直线的速度会加快。

```
import java.awt. * ;
import java.awt.geom. * ;
import java.util. * ;
import java.awt.event. * ;
import javax.swing. * ;
public class java3{
    public static void main(String[] args)
    {
    SketchFrame frame = new SketchFrame();
    frame.setDefaultCloseOperation(JFrame.EXIT_ON_CLOSE);
    frame.show();
    }
}
class SketchFrame extends JFrame
{
    public SketchFrame()
    {
    setTitle("java3");
```

< 69 >

```
        setSize(DEFAULT_WIDTH, DEFAULT_HEIGHT);
        SketchPanel panel = new SketchPanel();
        Container contentPane = getContentPane();
        contentPane. add(panel);
        }
        public static final int DEFAULT_WIDTH = 300;
        public static final int DEFAULT_HEIGHT = 200;
}
class SketchPanel extends JPanel
{
        public void sketchPanel()
        {
        last = new Point2D. Double(100, 100);
        lines = new ArrayList();
        KeyHandler listener = new KeyHandler();
        addkeyListener(this);
        setFocusable(true);
        }
        public void add(int dx, int dy)
        {
        Point2D end = new Point2D. Double(last. getX() + dx,
         last. getY() + dy);
        Line2D line = new Line2D. Double(last, end);
        lines. add(line);
        repaint();
        last = end;
        }
        public void paintComponent(Graphics g)
        {
        super. paintComponent(g);
        Graphics2D g2 = (Graphics2D)g;
        for (int i = 0; i < lines. size(); i++)
         g2. draw((Line2D)lines. get(i));
        }
        private Point2D last;
        private ArrayList lines;
        private static final int SMALL_INCREMENT = 1;
        private static final int LARGE_INCREMENT = 5;
        private class KeyHandler implements KeyListener
        {
        public void keyPressed(KeyEvent event)
        {
        KEY keyCode=event. getKeyCode();
         int d;
         if (event. isShiftDown())
```

< 70 >

```
d = LARGE_INCREMENT;
else
d = SMALL_INCREMENT;
if (keyCode = = KeyEvent. VK_LEFT) add(-d, 0);
    else if (keyCode = = KeyEvent. VK_RIGHT) add(d, 0);
    else if (keyCode = = KeyEvent. VK_UP) add(0, -d);
    else if (keyCode = = KeyEvent. VK_DOWN) add(0, d);
    }
public void keyReleased(KeyEvent event) {}
public void keyTyped(KeyEvent event)
{
    char keyChar = event. getKeyChar();
    int d;
    if (Character. isUpperCase(keyChar))
    {
    d = LARGE_INCREMENT;
    keyChar = Character. toLowerCase(keyChar);
    }
    else
    d = SMALL_INCREMENT;
    }
    }
}
```

第9套　上机考试试题

一、基本操作题

本题利用递归方法求前 n 个自然数的和(n=10)。

```
public class java1{
    public static void main(String[] args) {
    int sum=add(10);
    System. out. println("1+2+... +9+10="+sum);
    }
    public static int add(_____){
    if(n==1){
    _____;
    }
    else
    _____;
    }
}
```

二、简单应用题

本题中定义了一个简单的计算器,可以进行基本的四则运算。程序中包含 16 个按钮用来表示 0~9、＋、－、＊、/、＝运算符和小数点,程序顶部的文本框用来显示操作数以及结果。

< 71 >

```java
import java. awt. * ;
import java. awt. event. * ;
import javax. swing. * ;
public class java2 {
    public static void main(String[] args) {
     try {
     UIManager. setLookAndFeel(UIManager. getSystemLookAndFeelClassName());
     }
     catch (Exception e) { }
     JFrame frame = new CalculatorFrame();
     frame. show();
     }
}
class CalculatorPanel extends JPanel implements ActionListener {
    private JTextField display;
    private JButton btn;
    private double arg = 0;
    private String op = "=";
    private boolean start = true;
    public CalculatorPanel() {
    setLayout(new BorderLayout());
    display = new JTextField("0");
    display. setEditable(false);
    add(display, "North");
    JPanel p = new JPanel();
    p. setLayout(new GridLayout(4, 4));
    String buttons = "789/456 * 123-0. = +";
    for (int i = 0; i < buttons. length(); i++) {
     btn = new JButton(buttons. substring(i, i + 1));
     p. add(btn);
     _____;
     }
    add(p, "Center");
    }
    public void actionPerformed(ActionEvent evt) {
    String s = evt. getActionCommand();
    if ('0' <= s. charAt(0) && s. charAt(0) <= '9' || s. equals(".")) {
     if (start) display. setText(s);
     else display. setText(display. getText() + s);
     start = false;
    }
    else {
     if (start) {
     if (s. equals("-")) {
     display. setText(s);
```

< 72 >

```
        start = false;
        }
        else op = s;
        }
        else {
        double x = _____;
        calculate(x);
        op = s;
        start = true;
        }
        }
        }
    public void calculate(double n) {
    if (op. equals("+")) arg += n;
    else if (op. equals("-")) arg -= n;
    else if (op. equals(" * ")) arg *= n;
    else if (op. equals("/")) arg /= n;
    else if (op. equals("=")) arg = n;
    display. setText("" + arg);
    }
}
class CalculatorFrame extends JFrame {
    public CalculatorFrame() {
    setTitle("java2");
    setSize(220, 180);
    addWindowListener(new WindowAdapter() {
     public void windowClosing(WindowEvent e) {
     System. exit(0);
     }
    });
    Container contentPane = getContentPane();
    contentPane. add(new CalculatorPanel());
    }
}
```

三、综合应用题

本题的功能是用文本框来设定表盘中指针的位置。窗口中有一个画板和两个文本框,画板中绘制了一个表盘和时针、分针,通过文本框分别设定"时"和"分",表盘中的时针和分针就会指到对应的位置上。

```
import java. awt. * ;
import java. awt. event. * ;
import java. awt. geom. * ;
import javax. swing. * ;
import javax. swing. event. * ;
public class java3
{
    public static void main(String[] args)
    {
```

< 73 >

```
        TextTestFrame frame = new TextTestFrame();
        frame. setDefaultCloseOperation(JFrame. EXIT_ON_CLOSE);
        frame. show();
        }
}
class TextTestFrame extends JFrame
{
    public TextTestFrame()
    {
    setTitle("java3");
    setSize(DEFAULT_WIDTH, DEFAULT_HEIGHT);
    Container contentPane = getContentPane();
    DocumentListener listener＝new DocumentListener();
    JPanel panel = new JPanel();
    hourField = new JTextField("12", 3);
    panel. add(hourField);
    hourField. getDocument(). addDocumentListener(this);
    minuteField = new JTextField("00", 3);
    panel. add(minuteField);
    minuteField. getDocument(). addDocumentListener(listener);

    contentPane. add(panel, BorderLayout. SOUTH);
    clock = new ClockPanel();
    contentPane. add(clock, BorderLayout. CENTER);
    }
    public void setClock()
    {
    try
    {
    int hours
     = Integer. parseInt(hourField. getText(). trim());
    int minutes
     = Integer. parseInt(minuteField. getText(). trim());
     clock. setTime(hours, minutes);
    }
    catch (NumberFormatException e) {}
    }
    public static final int DEFAULT_WIDTH = 300;
    public static final int DEFAULT_HEIGHT = 300;
    private JTextField hourField;
    private JTextField minuteField;
    private ClockPanel clock;
    private class clockFieldListener extends DocumentListener
    {
    public void insertUpdate(DocumentEvent e) { setClock(); }
    public void removeUpdate(DocumentEvent e) { setClock(); }
```

< 74 >

```
        public void changedUpdate(DocumentEvent e) {}
    }
}
class ClockPanel extends JPanel
{
    public void paintComponent(Graphics g)
    {
    super. paintComponent(g);
    Graphics2D g2 = (Graphics2D)g;
    Ellipse2D circle
        = new Ellipse2D. Double(0, 0, 2 * RADIUS, 2 * RADIUS);
    g2. draw(circle);
    double hourAngle
        = Math. toRadians(90 - 360 * minutes / (12 * 60));
    drawHand(g2, hourAngle, HOUR_HAND_LENGTH);
    double minuteAngle
        = Math. toRadians(90 - 360 * minutes / 60);
    drawHand(g2, minuteAngle, MINUTE_HAND_LENGTH);
    }
    public void drawHand(Graphics2D g2,
    double angle, double handLength)
    {
    Point2D end = new Point2D. Double(
     RADIUS + handLength * Math. cos(angle),
     RADIUS - handLength * Math. sin(angle));
    Point2D center = new Point2D. Double(RADIUS, RADIUS);
    g2. draw(new Line2D. Double(center, end));
    }
    public void setTime(int h, int m)
    {
    minutes = h * 60 + m;
    repaint();
    }
    private double minutes = 0;
    private double RADIUS = 100;
    private double MINUTE_HAND_LENGTH = 0. 8 * RADIUS;
    private double HOUR_HAND_LENGTH = 0. 6 * RADIUS;
}
```

第10套　上机考试试题

一、基本操作题

本题定义了一个长度为10的boolean型数组,并给数组元素赋值,要求如果数组元素下标为奇数,则数组元素值为false,否则为true。

```
    public class java1{
```

< 75 >

```
public static void main(String[] args) {
boolean b[] = _____;
for(int i=0;i<10;i++){
if(_____)
b[i]=false;
else
_____;
}
for(int i=0;i<10;i++)
System. out. print("b["+i+"]="+b[i]+",");
}
}
```

二、简单应用题

本题是一个 Applet,它的功能是在窗口上添加 12×12 个标签,并且横向和纵向标签的颜色为黑白相间。

```
import java. applet. * ;
import java. awt. * ;
import java. awt. event. * ;
public class java2
extends Applet
{ GridLayout grid;
    public void init()
    { grid=new GridLayout(12,12);
    setLayout(grid);
    Label _____ =new Label[12][12];
    for(int i=0;i<12;i++)
    { for(int j=0;j<12;j++)
    { label[i][j]=_____;
    if((i+j)%2==0)
    label[i][j]. setBackground(Color. black);
    else
    label[i][j]. setBackground(Color. white);
    add(label[i][j]);
    }
    }
    }
}
```

三、综合应用题

本题的功能是获得系统剪贴板中的内容。窗口中有一个菜单"Edit"和一个文本域,"Edit"中有菜单项"Cut"、"Copy"和"Paste",在文本域中输入内容,可以通过菜单进行剪切、复制和粘贴操作,如果系统剪贴板为空,又做粘贴操作的话,则设置文本域中背景颜色为红色,并显示错误信息。

```
import java. awt. * ;
import java. io. * ;
import java. awt. datatransfer. * ;
import java. awt. event. * ;
class java3 extends Frame implements ActionListener, ClipboardOwner {
```

< 76 >

```
TextArea textArea = new TextArea();
java3() {
super("java3");
addWindowListener(new WindowAdapter() {
public void windowClosing(WindowEvent e) {
System. exit(0);
}
});
MenuBar mb = new MenuBar();
Menu m = new Menu("Edit");
setLayout(new BorderLayout());
add("Center", textArea);
m. add("Cut");
m. add("Copy");
m. add("Paste");
mb. add(m);
setMenuBar(this);
for (int i=0; i<m. getItemCount(); i++) {
m. item(i). addActionListener(this);
}
setSize(300, 300);
show();
}
public void actionPerformed(ActionEvent evt) {
if ("Paste". equals(evt. getActionCommand())) {
boolean error = true;
Transferable t =
getToolkit(). getSystemClipboard(). getContents(this);
try {
if (t ! = null && t. isDataFlavorSupported(DataFlavor. stringFlavor)) {
textArea. setBackground(Color. white);
textArea. setForeground(Color. black);
textArea. replaceRange(
(String)t. getTransferData(DataFlavor. stringFlavor),
textArea. getSelectionStart(),
textArea. getSelectionEnd());
error = false;
}
} catch (UnsupportedFlavorException e) {
} catch (IOException e) {
}
if (error) {
textArea. setBackground(Color. red);
textArea. setForeground(Color. white);
textArea. repaint();
```

< 77 >

```
textArea. setText("ERROR: \nEither the clipboard" + " is empty or the contents is not a string. ");
        }
    } else if ("Copy". equals(evt. getActionCommand())) {
    setContents();
    } else if ("Cut". equals(evt. getActionCommand())) {
    setContents();
    textArea. replaceRange("", textArea. getSelectionStart(),textArea. getSelectionEnd());
    }
}

void setContents() {
S=textArea. getSelectedText();
StringSelection contents = new StringSelection(s);
getToolkit(). getSystemClipboard(). setContents(contents, this);
}

public void lostOwnership(Clipboard clipboard, Transferable contents) {
System. out. println("lost ownership");
}

public static void main(String args[]) {
new java3();
}
}
```

第11套　上机考试试题

一、基本操作题

本题将数组 arrA 中的元素按逆序存储在另外一个相同长度的数组 arrB 中。

```
public class java1{
    public static void main(String[] args) {
    int []arrA={1,3,8,4,2,6,9,0,7};
    int []arrB=_____;
    int i=0;
    int j=_____;
    for(i=0;i<arrA. length;i++){
    arrB[j]=arrA[i];
    _____;
    }
    System. out. println("arrA: "+"arrB:");
    for(i=0;i<arrA. length;i++){
    System. out. println(arrA[i]+" "+arrB[i]);
    }
    }
}
```

二、简单应用题

本题中,主窗口有一个按钮、一个文本域和一个复选按钮,初始时窗口的大小是不能调整的,选中复选按钮后,窗口大小

< 78 >

就可以进行调整,如果撤销复选按钮的选择,则窗口的大小又不能调整,单击按钮可以关闭程序。

```java
import java.awt.*;
import java.awt.event.*;
class MyFrame extends Frame _____
{Checkbox box;
    TextArea text;
    Button button;
    MyFrame(String s)
    { super(s);
    box=new Checkbox("设置窗口是否可调整大小");
    text=new TextArea(12,12);
    button=new Button("关闭窗口");
    button.addActionListener(this);
    box.addItemListener(this);
    setBounds(100,100,200,300);
    setVisible(true);
    add(text,BorderLayout.CENTER);
    add(box,BorderLayout.SOUTH);
    add(button,BorderLayout.NORTH);
    _____;
    validate();
    }
    public void itemStateChanged(ItemEvent e)
    { if(box.getState()==true)
     { setResizable(true);
     }
     else
     { setResizable(false);
     }
    }
    public void actionPerformed(ActionEvent e)
    { dispose();
    }
}
class java2
{ public static void main(String args[])
    { new MyFrame("java2");
    }
}
```

三、综合应用题

本题的功能是对列表项的操作,包括删除、添加和反选。窗口中有两个列表框和 5 个按钮,按钮标签代表着移除列表项的方向,">"代表只移除选中的列表项,">>"代表移除所有的列表项,"!"代表反向选择列表项。

```java
import java.awt.*;
import java.awt.event.*;
class java3 extends Frame implements ActionListener&ItemListener{
```

< 79 >

```
final static int ITEMS = 10;
List ltList = new List(ITEMS, true);
List rtList = new List(0, true);
java3() {
super("java3");
addWindowListener(new WindowAdapter() {
public void windowClosing(WindowEvent e) {
System. exit(0);
}
});
GridBagLayout gbl = new GridBagLayout();
setLayout(gbl);
add(ltList, 0, 0, 1, 5, 1.0, 1.0);
add(rtList, 2, 0, 1, 5, 1.0, 1.0);
ltList. addActionListener(this);
ltList. addItemListener(this);
rtList. addActionListener(this);
rtList. addItemListener(this);
Button b;
add(b = new Button(">"), 1, 0, 1, 1, 0, 1.0);
b. addActionListener(this);
add(b = new Button(">>"), 1, 1, 1, 1, 0, 1.0);
b. addActionListener(this);
add(b = new Button("<"), 1, 2, 1, 1, 0, 1.0);
b. addActionListener(this);
add(b = new Button("<<"), 1, 3, 1, 1, 0, 1.0);
b. addActionListener(this);
add(b = new Button("!"), 1, 4, 1, 1, 0, 1.0);
b. addActionListener(this);
for (int i=0; i<ITEMS; i++) {
ltList. add("item "+i);
}
pack();
show();
}
void add(Component comp,
int x, int y, int w, int h, double weightx, double weighty) {
GridBagLayout gbl = (GridBagLayout)getLayout();
GridBagConstraints c = new GridBagConstraints();
c. fill = GridBagConstraints. BOTH;
c. gridx = x;
c. gridy = y;
c. gridwidth = w;
c. gridheight = h;
c. weightx = weightx;
```

< 80 >

```
c. weighty = weighty;
add(comp);
gbl. setConstraints(comp, c);
}
void reverseSelections(List l) {
for(int i=0;i<l. length();i++){
if (l. isIndexSelected(i)) {
l. deselect(i);
} else {
l. select(i);
}
}
}
void deselectAll(List l) {
for (int i=0; i<l. getItemCount(); i++) {
l. deselect(i);
}
}
void replaceItem(List l, String item) {
for (int i=0; i<l. getItemCount(); i++) {
if (l. getItem(i). equals(item)) {
l. replaceItem(item + " * ", i);
}
}
}
void move(List l1, List l2, boolean all) {
if (all) {
for (int i=0; i<l1. getItemCount(); i++) {
l2. add(l1. getItem(i));
}
l1. removeAll();
} else {
String[] items = l1. getSelectedItems();
int[] itemIndexes = l1. getSelectedIndexes();
deselectAll(l2);
for (int i=0; i<items. length; i++) {
l2. add(items[i]);
l2. select(l2. getItemCount()-1);
if (i == 0) {
l2. makeVisible(l2. getItemCount()-1);
}
}
for (int i=itemIndexes. length-1; i>=0; i--) {
l1. remove(itemIndexes[i]);
}
```

< 81 >

```
}
}
public void actionPerformed(ActionEvent evt) {
String arg = evt.getActionCommand();
if (">".equals(arg)) {
move(ltList, rtList, false);
} else if (">>".equals(arg)) {
move(ltList, rtList, true);
} else if ("<".equals(arg)) {
move(rtList, ltList, false);
} else if ("<<".equals(arg)) {
move(rtList, ltList, true);
} else if ("!".equals(arg)) {
if (ltList.getSelectedItems().length > 0) {
reverseSelections(ltList);
} else if (rtList.getSelectedItems().length > 0) {
reverseSelections(rtList);
}
} else {
Object target = evt.getSource();
if (target == rtList || target == ltList) {
replaceItem((List)target, arg);
}
}
}
public void itemStatedChanged(ItemEvent ent){
List target = (List)evt.getSource();
if (target == ltList) {
deselectAll(rtList);
} else if (target == rtList) {
deselectAll(ltList);
}
}
public static void main(String[] args) {
new java3();
}
}
```

第12套 上机考试试题

一、基本操作题

本题中数组 arr 中存储了学生的成绩,分别为 87,45,56,78,67,56,91,62,82,63,程序的功能是计算低于平均分的人数,并打印输出结果。请在程序空缺部分填写适当内容,使程序能正确运行。

```
public class java1{
```

< 82 >

```
public static void main(String[] args) {
int arr[]={56,91,78,67,56,87,45,62,82,63};
int num=arr. length;
int i=0;
int sumScore=0;
int sumNum=0;
double average;
while(i<num){
sumScore=sumScore+arr[i];
_____;
}
average=_____;
i=0;
do{
if(arr[i]<average)
sumNum++;
i++;
}while(_____);
System. out. println("average:"+average+",belows average:"+sumNum);
}
}
```

二、简单应用题

本题中,主窗口有一个按钮"打开对话框"和一个文本域,单击按钮"打开对话框"后会弹出一个对话框,对话框上有两个按钮"Yes"和"No",单击对话框上的"Yes"和"No"按钮后返回主窗口,并在右侧文本域中显示刚才所单击的按钮信息。

```
import java. awt. event. * ;
import java. awt. * ;
class MyDialog _____ implements ActionListener
{ static final int YES=1,NO=0;
    int message=-1; Button yes,no;
    MyDialog(Frame f,String s,boolean b)
    { super(f,s,b);
    yes=new Button("Yes"); yes. addActionListener(this);
    no=new Button("No"); no. addActionListener(this);
    setLayout(new FlowLayout());
    add(yes); add(no);
    setBounds(60,60,100,100);
    addWindowListener(new WindowAdapter()
     { public void windowClosing(WindowEvent e)
     { message=-1;setVisible(false);}
     });
    }
    public void actionPerformed(ActionEvent e)
    { if(e. getSource()==yes)
    { message=YES;
    setVisible(false);
```

< 83 >

```
    }
  else if(e. getSource()==no)
  { message=NO;
  setVisible(false);
  }
  }
  public int getMessage()
  { return message;
  }
}
class Dwindow extends Frame implements ActionListener
{ TextArea text; Button button; MyDialog dialog;
  Dwindow(String s)
  { super(s);
  text=new TextArea(5,22); button=new Button("打开对话框");
  button. addActionListener(this);
  setLayout(new FlowLayout());
  add(button); add(text);
  dialog=new MyDialog(this,"Dialog",true);
  setBounds(60,60,300,300); setVisible(true);
  validate();
  addWindowListener(new WindowAdapter()
  { public void windowClosing(WindowEvent e)
  { System. exit(0);}
  });
  }
  public void actionPerformed(ActionEvent e)
  { if(e. getSource()==button)
  { _____;
  if(dialog. getMessage()==MyDialog. YES)
  { text. append("\n 你单击了对话框的 yes 按钮");
  }
  else if(dialog. getMessage()==MyDialog. NO)
  { text. append("\n 你单击了对话框的 No 按钮");
  }
  }
  }
}
public class java2
{ public static void main(String args[])
  { new Dwindow("java2");
  }
}
```

三、综合应用题

　　本题的功能是监听鼠标左右键的单击,以及面板中滚动条的添加。在窗口的画板中单击鼠标左键,在单击的位置绘制

< 84 >

一个圆,当绘制的圆大于画板的大小时,画板就添加滚动条,在画板中单击鼠标右键,则清除画板中的所有图形。

```
import javax. swing. * ;
import javax. swing. event. MouseInputAdapter;
import java. awt. * ;
import java. awt. event. * ;
import java. util. * ;
public class java3 extends JPanel {
    private Dimension size;
    private Vector objects;
    private final Color colors[] = {
    Color. red, Color. blue, Color. green, Color. orange,
    Color. cyan, Color. magenta, Color. darkGray, Color. yellow};
    private final int color_n = colors. length;
    JPanel drawingArea;
    public java3() {
    setOpaque(true);
    size = new Dimension(0,0);
    objects = new Vector();
    JLabel instructionsLeft = new JLabel("单击鼠标左键画圆. ");
    JLabel instructionsRight = new JLabel("单击鼠标右键清空画板. ");
    JPanel instructionPanel = new JPanel(new GridLayout(0,1));
    instructionPanel. add(instructionsLeft);
    instructionPanel. add(instructionsRight);
    drawingArea = new JPanel() {
    protected void paintComponent(Graphics g) {
    super. paintComponent(g);
    Rectangle rect;
    for (int i = 0; i < objects. size(); i++) {
    rect = (Rectangle)objects. elementAt(i);
    g. setColor(colors[(i % color_n)]);
    g. fillOval(rect. x, rect. y, rect. width, rect. height);
    }
    }
    };
    drawingArea. setBackground(Color. white);
    drawingArea. addMouseListener(new MouseListener());
    JScrollPane scroller = new JScrollPane(drawingArea);
    scroller. setPreferredSize(new Dimension(200,200));
    setLayout(new BorderLayout());
    add(instructionPanel, BorderLayout. NORTH);
    add(scroller, BorderLayout. CENTER);
    }
    class MyMouseListener extends mouseInputAdapter{
    final int W = 100;
    final int H = 100;
    public void mouseReleased(MouseEvent e) {
```

```
boolean changed = false;
if (SwingUtilities. isRightMouseButton(e)) {
objects. removeAllElements();
size. width=0;
size. height=0;
changed = true;
} else {
int x = e. getX() — W/2;
int y = e. getY() — H/2;
if (x < 0) x = 0;
if (y < 0) y = 0;
Rectangle rect = new Rectangle(x, y, W, H);
objects. addElement(rect);
drawingArea. scrollRectToVisible(rect);
int this_width = (x + W + 2);
if (this_width > size. width)
{size. width = this_width; changed=true;}
int this_height = (y + H + 2);
if (this_height > size. height)
{size. height = this_height; changed=true;}
}
if (changed) {
drawingArea. setPreferredSize(size);
drawingArea. revalidate();
}
drawingArea. paint();
}
}
public static void main (String args[]) {
JFrame frame = new JFrame("java3");
frame. addWindowListener(new WindowAdapter() {
public void windowClosing(WindowEvent e) {System. exit(0);}
});
frame. setContentPane(new java3());
frame. pack();
frame. setVisible(true);
}
}
```

第13套　上机考试试题

一、基本操作题

本题的功能是求 1～100 的自然数的累加，并打印输出计算结果。

```
public class java1{
    public static void main(String[] args) {
```

< 86 >

```
int sum＝0;
int i＝1;
for(;;){
if(_____){
sum＝sum+i;
}else
_____;
_____;
}
System. out. println("sum＝"+sum);
}
}
```

二、简单应用题

本题主窗口中包括一个文本框和一个文本域,在上面的文本框中输入一个整数并按回车键,就会在下面的文本域中显示该整数的平方值;如果在文本框中输入的不是一个整数,将弹出一个警告窗口。

```java
import java. awt. event. * ;
import java. awt. * ;
import javax. swing. JOptionPane;
class Dwindow extends Frame implements ActionListener
{ TextField inputNumber;
    TextArea show;
    Dwindow(String s)
    { super(s);
    inputNumber＝new TextField(22);
     inputNumber. addActionListener(this);
    show＝new TextArea();
    add(inputNumber,BorderLayout. NORTH);
     add(show,BorderLayout. CENTER);
    setBounds(60,60,300,300); setVisible(true);
    validate();
    addWindowListener(new WindowAdapter()
     { public void windowClosing(WindowEvent e)
     { System. exit(0);
     }
    });
    }
    public void actionPerformed(ActionEvent e)
    { boolean boo＝false;
    if(e. getSource()＝＝inputNumber)
     { String s＝_____;
     char a[]＝s. toCharArray();
     for(int i＝0;i<a. length;i++)
     { if(! (Character. isDigit(a[i])))
     boo＝true;
     }
```

< 87 >

```
        if(boo==true)
        { JOptionPane. showMessageDialog(this,"您输入了非法字符","警告对话框",
          _____);
          inputNumber. setText(null);
        }
        else if(boo==false)
        { int number=Integer. parseInt(s);
          show. append("\n"+number+"平方:"+(number*number));
        }
      }
    }
  }
}
public class java2
{ public static void main(String args[])
    { new Dwindow("java2");
    }
}
```

三、综合应用题

本题的功能是在文本域面板中添加一个带有行数的面板。窗口中有一个文本域,在文本域的左侧有一个带有数字的面板,该面板上的数字指示着文本域中的行数。

```
import javax. swing. * ;
import javax. swing. event. * ;
import java. awt. * ;
public class java3 extends JFrame
{
    public static JTextPane textPane;
    public static JScrollPane scrollPane;
    JPanel panel;
    public java3()
    {
    super("java3()");
    panel = new JPanel();
    panel. setLayout(new BorderLayout());
    panel. setBorder(BorderFactory. createEmptyBorder(20,20,20,20));
    textPane = new JTextPane();
    textPane. setFont( new Font("monospaced", Font. PLAIN, 12) );
    scrollPane = new JScrollPane(textPane);
    panel. add(scrollPane);
    scrollPane. setPreferredsize(new Dimension(300,250));
    setContentPane( panel );
    setCloseOperation(JFrame. EXIT_ON_CLOSE);
    LineNumber lineNumber=new LineNumber();
    scrollPane. setRowHeaderView( lineNumber );
    }
    public static void main(String[] args)
```

< 88 >

```java
{
    java3 ttp = new java3();
    ttp. pack();
    ttp. setVisible(true);
}

}
class LineNumber extends JTextPane
{
    private final static Color DEFAULT_BACKGROUND = Color. gray;
    private final static Color DEFAULT_FOREGROUND = Color. black;
    private final static Font DEFAULT_FONT = new Font("monospaced", Font. PLAIN, 12);
    private final static int HEIGHT = Integer. MAX_VALUE - 1000000;
    private final static int MARGIN = 5;
    private FontMetrics fontMetrics;
    private int lineHeight;
    private int currentRowWidth;
    private JComponent component;
    private int componentFontHeight;
    private int componentFontAscent;
    public LineNumber(JComponent component)
    {
    if (component == null)
    {
    setBackground( DEFAULT_BACKGROUND );
    setForeground( DEFAULT_FOREGROUND );
    setFont( DEFAULT_FONT );
    this. component = this;
    }
    else
    {
    setBackground( DEFAULT_BACKGROUND );
    setForeground( component. getForeground() );
    setFont( component. getFont() );
    this. component = component;
    }
    componentFontHeight = component. getFontMetrics( component. getFont() ). getHeight();
    componentFontAscent = component. getFontMetrics( component. getFont() ). getAscent();
    setPreferredWidth( 9999 );
    }
    public void setPreferredWidth(int row)
    {
    int width = fontMetrics. stringWidth( String. valueOf(row) );
    if (currentRowWidth < width)
    {
    currentRowWidth = width;
```

< 89 >

```
setPreferredSize( new Dimension(2 * MARGIN + width, HEIGHT) );
}
}
public void setFont(Font font)
{
super. setFont(font);
fontMetrics = getFontMetrics( getFont() );
}
public int getLineHeight()
{
if (lineHeight == 0)
return componentFontHeight;
else
return lineHeight;
}
public void setLineHeight(int lineHeight)
{
if (lineHeight > 0)
this. lineHeight = lineHeight;
}
public int getStartOffset()
{
return component. getInsets(). top + componentFontAscent;
}
public void paintComponent(Graphics g)
{
int lineHeight = getLineHeight();
int startOffset = getStartOffset();
Rectangle drawHere = g. getClipBounds();
g. setColor( getBackground() );
g. fillRect(drawHere. x, drawHere. y, drawHere. width, drawHere. height);
g. setColor( getForeground() );
int startLineNumber = (drawHere. y / lineHeight) + 1;
int endLineNumber = startLineNumber + (drawHere. height / lineHeight);
int start = (drawHere. y / lineHeight) * lineHeight + startOffset;
for (int i = startLineNumber; i <= endLineNumber; i++)
{
String lineNumber = String. valueOf(i);
int width = fontMetrics. stringWidth( lineNumber );
g. drawString(lineNumber, MARGIN + currentRowWidth - width, start);
start += lineHeight;
}
setPreferredWidth( endLineNumber );
}
}
```

< 90 >

第14套 上机考试试题

一、基本操作题

本题统计字符串 str 中字母 a 出现的次数,其中 str 为"(7&asdfasdf873eat687♯a1(4a",字母'a'存储在字符变量 c 中,最后打印输出结果。

```
public class java1{
    public static void main(String[] args) {
    String str="( * &7asdf adf873eat687♯a1(4a";
    char c;
    int sum=0;
    int i=0;
    do{
    c=_____;
    if(_____)
    sum++;
    i++;
    }while(_____);
    System. out. println("sum="+sum);
    }
}
```

二、简单应用题

本题是一个 Applet,页面中有 10 个按钮,名称从"0~9",用鼠标任意单击其中一个按钮后,通过键盘上的上下左右键可以控制按钮在窗口中移动。

```
import java. applet. * ;
import java. awt. * ;
import java. awt. event. * ;
public class java2 extends Applet _____
{ Button b[]=new Button[10];
    int x,y;
    public void init()
    { for(int i=0;i<=9;i++)
    { b[i]=new Button(""+i);
    b[i]. addKeyListener(this);
    add(b[i]);
    }
    }
    public void _____
    { Button button=(Button)e. getSource();
    x=button. getBounds(). x;
    y=button. getBounds(). y;
    if(e. getKeyCode()==KeyEvent. VK_UP)
    { y=y-2;
    if(y<=0) y=0;
```

< 91 >

```
button. setLocation(x,y);
}
else if(e. getKeyCode()==KeyEvent. VK_DOWN)
{ y=y+2;
if(y>=300) y=300;
button. setLocation(x,y);
}
else if(e. getKeyCode()==KeyEvent. VK_LEFT)
{ x=x-2;
if(x<=0) x=0;
button. setLocation(x,y);
}
else if(e. getKeyCode()==KeyEvent. VK_RIGHT)
{ x=x+2;
if(x>=300) x=300;
button. setLocation(x,y);
}
}
public void keyTyped(KeyEvent e) {}
public void keyReleased(KeyEvent e) {}
}
```

三、综合应用题

本题的功能是监听键盘键的敲击,并显示在窗口中。

```
import javax. swing. * ;
import java. awt. * ;
import java. awt. event. * ;
public class java3 extends JFrame extends KeyListener
{
    private String line1 = "", line2 = "";
    private String line3 = "";
    private JTextArea textArea;
    public java3()
    {
    super( "java3" );
    textArea = new JTextArea( 10, 15 );
    textArea. setText( "Press any key on the keyboard..." );
    textArea. setEnabled( false );
    addKeyListener( this );
    getContentPane(). add( textArea );
    setSize( 350, 100 );
    show();
    }
    public void keyPressed( KeyEvent e )
    {
    line1 = "Key pressed: " + e. getKeyText( e. getKeyCode() );
```

< 92 >

```
    setLines2and3( e );
    }
    public void keyReleased( KeyEvent e )
    {
    line1 = "Key released：" + e. getKeyText( e. getKeyCode() );
    setLines2and3( e );
    }
    public void keyTyped( KeyEvent e )
    {
    Line1＝"Key typed："+e. getKeychar();
    setLines2and3( e );
    }
    private void setLines2and3( KeyEvent e )
    {
    line2 = "This key is " + ( e. isActionKey() ? "" ："not " ) + "an action key";
    String temp = e. getKeyModifiersText( e. getModifiers() );
    line3 = "Modifier keys pressed：" + ( temp. equals( "" ) ? "none" ：temp );
    textArea. setText( line1 + "\n" + line2 + "\n" + line3 + "\n" );
    }
    public static void main( String args[] )
    {
    java3 app = new java3();
    addWindowListener(new Windowadapterl()
    {
    public void windowClosing( WindowEvent e )
    {
    System. exit( 0 );
    }
    } );
    }
}
```

第15套　上机考试试题

一、基本操作题

　　本题中，在下画线上填写代码，指定变量 b 为字节型，变量 f 为单精度实型，变量 1 为 64 位整型。

```
public class java1{
    public static void main(String[] args) {
    _____ b＝49;
    _____ f＝8. 9f;
    _____ l＝0xfedl;
    System. out. println("b＝"+b);
    System. out. println("f＝"+f);
    System. out. println("l＝"+l);
```

```
      }
   }
```

二、简单应用题

本题是一个表格式的成绩单,其中包括"姓名"、"英语成绩"、"数学成绩"和"总成绩",姓名和成绩都可以进行修改,单击按钮"计算每人总成绩",则可以统计出每个人的总成绩并显示在总成绩栏中。

```java
import javax. swing. * ;
import java. awt. * ;
import java. awt. event. * ;
public class java2 extends JFrame implements ActionListener
{ JTable table;Object a[][];
    Object name[]={"姓名","英语成绩","数学成绩","总成绩"};
    JButton button;
    java2()
    { setTitle("java2");
    a=new Object[8][4];
    for(int i=0;i<8;i++)
    { for(int j=0;j<4;j++)
    {if(j! =0)
    a[i][j]="";
    else
    a[i][j]="";
    }
    }
    button=new JButton("计算每人总成绩");
    table=_____;
    button. addActionListener(this);
    getContentPane(). add(new JScrollPane(table),BorderLayout. CENTER);
    getContentPane(). add(button,BorderLayout. SOUTH);
    setSize(400,200);
    setVisible(true);
    validate();
    addWindowListener(new WindowAdapter()
    {public void windowClosing(WindowEvent e)
    { System. exit(0);
    }
    });
    }
    public void actionPerformed(ActionEvent e)
    { for(int i=0;i<8;i++)
        { double sum=0;
        boolean boo=true;
        for(int j=1;j<=2;j++)
        { try{
        sum=sum+Double. parseDouble(_____);
        }
```

< 94 >

```
catch(Exception ee)
{
boo=false;
table. repaint();
}
if(boo= =true)
{
a[i][3]=""+sum;
table. repaint();
}
}
}
}
public static void main(String args[])
{ java2 Win= new java2();
}
}
```

三、综合应用题

本题中,通过菜单"Connect"显示一个对话框,单击"ok"按钮后,所填写的内容就会传回到主窗口并显示出来。

```
import java. awt. * ;
import java. awt. event. * ;
import javax. swing. * ;
public class java3 extends JFrame implements ActionListener{
    public java3(){
    setTitle("java3");
    setSize(300, 300);
    addWindowListener(new WindowAdapter(){
    public void windowClosing(WindowEvent e){
    System. exit(0);
    }
    });
    JMenuBar mbar = new JMenuBar();
    setJMenuBar(bar);
    JMenu fileMenu = new JMenu("File");
    mbar. add(fileMenu);
    connectItem = new JMenuItem("Connect");
    connectItem. addActionListener(this);
    fileMenu. add(connectItem);
    exitItem = new JMenuItem("Exit");
    exitItem. addActionListener(this);
    fileMenu. add(exitItem);
    }
    public void actionPerformed(ActionEvent evt){
    Object source = evt. getSource();
    if (source == connectItem){
```

< 95 >

```
ConnectInfo transfer = new ConnectInfo("yourname", "pw");
if (dialog == null)
dialog = new ConnectDialog(this);
 if (dialog. showDialog(transfer)){
String uname = transfer. username;
 String pwd = transfer. password;
Container contentPane = getContentPane();
contentPane. add(new JLabel("username=" + uname + ", password=" + pwd),"South");
validate();
}
}
else if(source == exitItem)
System. exit(0);
}
public static void main(String[] args){
JFrame f = new java3();
f. show();
}
private ConnectDialog dialog = null;
private JMenuItem connectItem;
private JMenuItem exitItem;
}
class ConnectInfo{
    public String username;
    public String password;
    public ConnectInfo(String u, String p){
    username = u; password = p;
    }
}


class ConnectDialog extends JDialog implements ActionListener{
    public ConnectDialog(){
    super(parent, "Connect", true);
    Container contentPane = getContentPane();
    JPanel p1 = new JPanel();
    p1. setLayout(new GridLayout(2, 2));
    p1. add(new JLabel("User name:"));
    p1. add(username = new JTextField(""));
    p1. add(new JLabel("Password:"));
    p1. add(password = new JPasswordField(""));
    contentPane. add("Center", p1);
    Panel p2 = new Panel();
    okButton = addButton(p2, "Ok");
    cancelButton = addButton(p2, "Cancel");
    contentPane. add("South", p2);
```

< 96 >

```
setSize(240，120)；
}
JButton addButton(Container c，String name){
 JButton button = new JButton(name)，
button. addActionListener(this)；
c. add(button)；
return button；
}
public void actionPerformed(ActionEvent evt){
Object source = evt. getSource()；
if(source == okButton){
ok = true；
setVisible(false)；
}
else if (source == cancelButton)
setVisible(false)；
}
public void showDialog(ConnectInfo transfer){
username. setText(transfer. username)；
password. setText(transfer. password)；
ok = false；
show()；
if (ok){
transfer. username = username. getText()；
transfer. password = new String(password. getPassword())；
}
return ok；
}
private JTextField username；
private JPasswordField password；
private boolean ok；
private JButton okButton；
private JButton cancelButton；
}
```

第16套　上机考试试题

一、基本操作题

　　本题中定义了长度为20的一维整型数组 a，并将数组元素的下标值赋给数组元素，最后打印输出数组中下标为奇数的元素。

```
public class java1{
    public static void main(String[] args) {
    int a[]= _____；
    int i；
```

< 97 >

```
for(_____;i++)
a[i]=i;
for(i=0;i<20;i++){
if(_____)
System. out. print("a["+i+"]="+a[i]+",");
}
}
}
```

二、简单应用题

本题中定义了一个树型的通信录,窗口左侧是一个树,右侧是一个文本域,单击树的结点,则在右侧文本域中显示相关信息,如果单击的是树结点,则显示对应名字的电话信息。

```
import javax. swing. * ;
import javax. swing. tree. * ;
import java. awt. * ;
import java. awt. event. * ;
import javax. swing. event. * ;
class Mytree2 extends JFrame _____
{JTree tree=null;JTextArea text=new JTextArea(20,20);
    Mytree2()
    { Container con=getContentPane();
    DefaultMutableTreeNode root=new DefaultMutableTreeNode("同学通信录");
    DefaultMutableTreeNode t1=new DefaultMutableTreeNode("大学同学");
    DefaultMutableTreeNode t2=new DefaultMutableTreeNode("研究生同学");
    DefaultMutableTreeNode t1_1=new DefaultMutableTreeNode("陈艳");
    DefaultMutableTreeNode t1_2=new DefaultMutableTreeNode("李小永");
    DefaultMutableTreeNode t2_1=new DefaultMutableTreeNode("王小小");
    DefaultMutableTreeNode t2_2=new DefaultMutableTreeNode("董小");
    setTitle("java2");
    root. add(t1);root. add(t2);
    t1. add(t1_1);t1. add(t1_2);t2. add(t2_1);t2. add(t2_2);
    tree =new JTree(root);
    JScrollPane scrollpane=new JScrollPane(text);
    JSplitPane splitpane=new JSplitPane(JSplitPane. HORIZONTAL_SPLIT,
    true,tree,scrollpane);
    tree. addTreeSelectionListener(this);
    con. add(splitpane);
    addWindowListener(new WindowAdapter()
    { public void windowClosing(WindowEvent e)
    {System. exit(0);} });
    setVisible(true);setBounds(70,80,200,300);
    }
public void valueChanged(TreeSelectionEvent e)
{ if(e. getSource()==tree)
    {DefaultMutableTreeNode node=
    (DefaultMutableTreeNode)tree. getLastSelectedPathComponent();
```

< 98 >

```
        if(node.isLeaf())
        { String str=_____;
        if(str.equals("陈艳"))
        {text.setText(str+":联系电话:0411-4209876");}
        else if(str.equals("李小永"))
        {text.setText(str+":联系电话:010-62789876");}
        else if(str.equals("王小小"))
        {text.setText(str+":联系电话:0430-63596677");}
        else if(str.equals("董小"))
        {text.setText(str+":联系电话:020-85192789");}
        }
        else
        {text.setText(node.getUserObject().toString());
        }
        }
    }
}
public class java2
{public static void main(String args[])
{ Mytree2 win=new Mytree2();win.pack();}
}
```

三、综合应用题

本题中,鼠标在窗口中单击一下,就在单击的位置生成一个小矩形,如果在小矩形上双击鼠标左键,则删除小矩形。

```
import java.awt.*;
import java.awt.event.*;
import javax.swing.*;
class MousePanel extends JPanel extends MouseMotionListener
{ public MousePanel()
    { addMouseListener(new MouseAdapter()
    { public void mousePressed(MouseEvent evt)
    { int x = evt.getX();
    int y = evt.getY();
    current = find(x, y);
    if (current < 0)
    add(x, y);
    }
    public void mouseClicked(MouseEvent evt)
    { int x = evt.getX();
    int y = evt.getY();
    if (evt.getClickCount() >= 2)
    { remove(current);
    }
    }
    });
    addMouseMotionListener(this);
```

< 99 >

```
}
public void paintComponent(Graphics g)
{ super. paintComponent();
for (int i = 0; i < nsquares; i++)
 draw(g, i);
}
public int find(int x, int y)
{ for (int i = 0; i < nsquares; i++)
 if (squares[i]. x - SQUARELENGTH / 2 <= x &&
 x <= squares[i]. x + SQUARELENGTH / 2
 && squares[i]. y - SQUARELENGTH / 2 <= y
 && y <= squares[i]. y + SQUARELENGTH / 2)
 return i;
return -1;
}
public void draw(Graphics g, int i)
{ g. drawRect(squares[i]. x - SQUARELENGTH / 2,
 squares[i]. y - SQUARELENGTH / 2,
 SQUARELENGTH,
 SQUARELENGTH);
}
public void add(int x, int y)
{ if (nsquares < MAXNSQUARES)
{ squares[nsquares] = new Point(x, y);
 current = nsquares;
 nsquares++;
 repaint();
}
}
public void remove(int n)
{ if (n < 0 || n >= nsquares) return;
nsquares--;
squares[n] = squares[nsquares];
if (current == n) current = -1;
repaint();
}
public void mouseMoved(MouseEvent evt)
{ }
public void mouseDragged(MouseEvent evt)
{}
private static final int SQUARELENGTH = 10;
private static final int MAXNSQUARES = 100;
private Point[] squares = new Point[MAXNSQUARES];
private int nsquares = 0;
private int current = -1;
```

< 100 >

```
        }
class MouseFrame extends JFrame
{ public MouseFrame()
    { setTitle("java3");
    setSize(300，200);
    addWindowListener(new WindowAdapter()
     { public void windowClosing(WindowEvent e)
     { System. exit(0);
     }
     } );
    Container contentPane = getContentPane();
    contentPane. add(MousePanel());
    }
}
public class java3
{ public static void main(String[] args)
    { JFrame frame = new MouseFrame();
    frame. show();
    }
}
```

第17套　上机考试试题

一、基本操作题

本题的功能是获得字符串"China"的长度和最后一个字符,并将这些信息打印出来。

```
public class java1{
    public static void main(String[] args) {
    _____;
    str="China";
    int n=0;
    _____;
    char c;
    _____;
    System. out. println("字符串中共有"+n+"个字符,最后一个字符是:"+c);
    }
}
```

二、简单应用题

本题的功能是通过鼠标确定两个点,然后画两点间的直线。窗口中有一个按钮"Draw line",单击该按钮后,它就处于按下状态,然后用鼠标在窗口中单击一下,在单击的地方就会出现一个坐标圆点,用鼠标在另外一个地方单击一下又会出现另外一个圆点,并且此时在两个坐标圆点间画出一条直线,且"Draw line"处于可用状态,再单击这个按钮就可以画另外一条直线。

```
import java. awt. * ;
import java. awt. event. * ;
import javax. swing. * ;
```

```
class EventQueuePanel extends JPanel implements ActionListener
{ EventQueuePanel()
    { JButton button = new JButton("Draw line");
    add(button);
    button. addActionListener(this);
    }
    public void actionPerformed(ActionEvent evt)
    { Graphics g = getGraphics();
    _____ p = getClick();
    g. drawOval(p. x - 2, p. y - 2, 4, 4);
    Point q = getClick();
    g. drawOval(q. x - 2, q. y - 2, 4, 4);
    g. drawLine(p. x, p. y, q. x, q. y);
    g. dispose();
    }
    public Point getClick()
    { EventQueue eq = Toolkit. getDefaultToolkit(). getSystemEventQueue();
    while (true)
    { try
    { AWTEvent evt = eq. getNextEvent();
    if (evt. getID() == MouseEvent. MOUSE_PRESSED)
    { MouseEvent mevt = (MouseEvent)evt;
    Point p = _____ ();
    Point top = getRootPane(). getLocation();
    p. x -= top. x;
    p. y -= top. y;
    return p;
    }
    }
    catch(InterruptedException e)
    {}
    }
    }
    private int y = 60;
}
class EventQueueFrame extends JFrame
{ public EventQueueFrame()
    { setTitle("java2");
    setSize(300, 200);
    addWindowListener(new WindowAdapter()
    { public void windowClosing(WindowEvent e)
    { System. exit(0);
    }
    } );
    Container contentPane = getContentPane();
```

< 102 >

```
        contentPane. add(new EventQueuePanel());
    }
}
public class java2
{ public static void main(String[] args)
    { Frame frame = new EventQueueFrame();
    frame. show();
    }
}
```

三、综合应用题

本题是一个 Applet，功能是用鼠标画不同颜色的图形。页面中有 5 个按钮"画红色图形"、"画绿色图形"、"画蓝色图形"、"橡皮"和"清除"，单击前三个按钮中的一个，按住鼠标左键或右键在面板中拖动，就能画出对应颜色的线条，单击"橡皮"按钮，按住鼠标左键或右键在面板中拖动就能将面板中的图形擦除掉，单击"清除"按钮，就能将面板中所有的图形清除掉。

```
import java. applet. * ;
import java. awt. * ;
import java. awt. event. * ;
public class java3 extends Applet implements ActionListener
{int x=-1,y=-1,rubberNote=0,clearNote=0;
    Color c=new Color(255,0,0);
    int con=3;
    Button b_red,b_blue,b_green,b_clear,b_quit;
    public void init()
    {
    addMouseMotionListener(this);
    b_red=new Button("画红色图形");
    b_blue=new Button("画蓝色图形");
    b_green=new Button("画绿色图形");
    b_quit=new Button("橡皮");
    b_clear=new Button("清除");
    add(b_red);
    add(b_green);
    add(b_blue);
    add(b_quit);
    add(b_clear);
    b_red. addActionListener(this);
    b_green. addActionListener(this);
    b_blue. addActionListener(this);
    b_quit. addActionListener(this);
    b_clear. addActionListener(this);
    }
    public void paint()
    {if(x! =-1&&y! =-1&&rubberNote==0&&clearNote==0)
    {g. setColor(c);
    g. fillOval(x,y,con,con);
```

< 103 >

```
        }
        else if(rubberNote==1&&clearNote==0)
        {g. clearRect(x,y,10,10);
        }
        else if(clearNote==1&&rubberNote==0)
         {g. clearRect(0,0,getSize(). width,getSize(). height);
        }
        }
        public void mouseDragged(MouseEvent e)
        {x=(int)e. getX();y=(int)e. getY(); repaint();
        }
        public void mouseMoved(MouseEvent e){ }
        public void update(Graphics g)
        {paint(g);
        }
        public void actionPerformed(Event e)
        {if(e. getSource()==b_red)
        { rubberNote=0;clearNote=0; c=new Color(255,0,0);
        }
        else if(e. getSource()==b_green)
        { rubberNote=0;clearNote=0; c=new Color(0,255,0);
        }
        else if(e. getSource()==b_blue)
        { rubberNote=0;clearNote=0; c=new Color(0,0,255);
        }
        if(e. getSource()==b_quit)
        { rubberNote=1;clearNote=0 ;
        }
        if(e. getSource()==b_clear)
        { clearNote=1; rubberNote=0;repaint();
        }
        }
    }
}
```

第18套　上机考试试题

一、基本操作题

本题的功能是计算 1~10 之间除了 5 以外的各个自然数的和。

```
public class java1{
    public static void main(String[] args) {
    int i=1;
    int sum=0;
    while(i<=10){
    if(i==5){
```

```
        _____;
        _____;
    }
        _____;
    i++;
    }
System. out. println("sum="+sum);
    }
}
```

二、简单应用题

本题的功能是监听键盘敲击事件,并将敲击的字符显示在标签上。开始,文字标签提示"Please press your keyboard!",当按下键盘上的字符键,文字标签就变为"'＊' is pressed!"(＊为所按字母)。

```
import java. awt. * ;

import java. awt. event. * ;

import javax. swing. * ;

public class java2 extends Frame _____{
    public static void main(String args[]){
    java2 f = new java2("java2");
    Panel pan=new Panel();
    f. init();
    }
    public java2(String str){
    super(str);
    }
    public void init(){
    addWindowListener(new WindowAdapter(){
    public void windowClosing(WindowEvent e){
    System. exit(0);
    }
    });
    setSize(200,200);
    setLayout(new FlowLayout());
    lab=new Label("Please press your keyboard!");
    add(lab);
    addKeyListener(this);
    setVisible(true);
    }
    public void keyTyped(KeyEvent e){
    lab. setText("\'"+_____+"\' is pressed!");
    repaint();
    }
    public void keyPressed(KeyEvent e){
    }
    public void keyReleased(KeyEvent e){
    }
```

```
        private Label lab;
}
```

三、综合应用题

本题的功能是求两个交叉图形的并、减、交和异或。窗口中有 4 个单选按钮和一个图形面板,面板中有两个交叉的图形,选中其中一个单选按钮,图形面板中以黑色填充的方式显示运算结果。

```
import java. awt. * ;
import java. awt. event. * ;
import java. awt. geom. * ;
import java. util. * ;
import javax. swing. * ;
public class java3
{
    public static void main(String[] args)
    {
    JFrame frame = new AreaTestFrame();
    frame. setDefaultCloseOperation(JFrame. EXIT_ON_CLOSE);
    frame. show();
    }
}
class AreaTestFrame extends JFrame
{
    public AreaTestFrame()
    {
    setTitle("java3");
    setSize(WIDTH，HEIGHT);
    area1
     = new Area(new Ellipse2D. Double(100，100，150，100));
    area2
     = new Area(new Rectangle2D. Double(150，150，150，100));
    Container confentPane=getContentpane();
    panel = new
    JPanel()
    {
    public void paintComponent(Graphics g)
    {
    super. paintComponent(g);
    Graphics2D g2 = (Graphics2D)g;
    g2. draw(area1);
    g2. draw(area2);
    if (area ! = null) g2. fill(area);
    }
    };
    contentPane. add(panel，BorderLayout. CENTER);
    JPanel buttonPanel = new JPanel();
    ButtonGroup group = new ButtonGroup();
```

```
JRadioButton addButton = new JRadioButton("并", false);
buttonPanel. add(addButton);
group. add(addButton);
addButton. addActionListener(new
 ActionListener()
 {
 public void actionPerformed(ActionEvent event)
 {
 area = new Area();
 area. add(area1);
 area. add(area2);
 panel. repaint();
 }
 });
JRadioButton subtractButton
 = new JRadioButton("减", false);
buttonPanel. add(subtractButton);
group. add(subtractButton);
subtractButton. addActionListener(new
 ActionListener()
 {
 public void actionPerformed(ActionEvent event)
 {
 area = new Area();
 area. add(area1);
 area. subTract(area2);
 panel. repaint();
 }
 });
JRadioButton intersectButton
 = new JRadioButton("交", false);
buttonPanel. add(intersectButton);
group. add(intersectButton);
intersectButton. addActionListener(new
 ActionListener()
 {
 public void actionPerformed(ActionEvent event)
 {
 area = new Area();
 area. add(area1);
 area. intersect(area2);
 panel. repaint();
 }
 });
JRadioButton exclusiveOrButton
```

< 107 >

```
        = new JRadioButton("异或", false);
        buttonPanel. add(exclusiveOrButton);
        group. add(exclusiveOrButton);
        exclusiveOrButton. addActionListener(new
         ActionListener()
         {
         public void actionPerformed(ActionEvent event)
         {
         area = new Area();
         area. add(area1);
         area. exclusiveor(area2);
         panel. repaint();
         }
         });
        contentPane. add(buttonPanel，BorderLayout. NORTH);
        }
        private JPanel panel;
        private Area area;
        private Area area1;
        private Area area2;
        private static final int WIDTH = 400;
        private static final int HEIGHT = 400;
}
```

第19套　上机考试试题

一、基本操作题

本题提取字符串"China is a great country."中的前 5 个字符生成一个新的字符串,并将剩余字符组成另外一个新的字符串,最后将两个新的字符串连接输出。

```
public class java1{
    public static void main(String[] args) {
    String str= "China is a great country. ";
    _____;
    headstr= str. substring(_____);
    trailstr= str. substring(_____);
    System. out. println(headstr+trailstr);
    }
}
```

二、简单应用题

本题的功能是用流式布局管理器来管理窗口中的按钮。在执行程序时指定生成按钮的个数,并把这些按钮都放置在流式布局管理器的窗口中。

```
import java. awt. *;
import java. awt. event. *;
import javax. swing. *;
```

```
public class java2
{
    public static void main(String[] args)
    {
    if (args. length ! = 1)
    {
    System. out. println("请指定按钮的个数!");
    System. exit(0);
    }
    String buttonString = args[0];
    int buttonNumber = _____;
    ButtonFrame frame = new ButtonFrame(buttonNumber);
    frame. setDefaultCloseOperation(JFrame. EXIT_ON_CLOSE);
    frame. show();
    }
}
class ButtonFrame extends JFrame
{
    public ButtonFrame(_____)
    {
    buttons = buttonNumber;
    setTitle("java2");
    setSize(WIDTH, HEIGHT);
    JPanel buttonPanel = new JPanel();
    for (int i = 0; i < buttons; i++ )
    {
    JButton addButton = new JButton("add" + i);
    buttonPanel. add(addButton);
    }
    Container contentPane = getContentPane();
    contentPane. add(buttonPanel);
    }
    public static final int WIDTH = 350;
    public static final int HEIGHT = 200;
    private int buttons;
}
```

三、综合应用题

本题的功能是监听对于颜色的复制和粘贴。程序窗口中,有一个颜色设置框和两个按钮,名为"复制"和"粘贴",在颜色设置框中设置颜色后,下面的预览面板将显示选中的颜色,单击"复制"按钮后,将设置的颜色复制到系统的剪贴板上,然后继续选择其他颜色,当单击按钮"粘贴"后预览面板的颜色将设置为刚才复制的颜色。

```
import java. io. * ;
import java. awt. * ;
import java. awt. datatransfer. * ;
import java. awt. event. * ;
import java. awt. image. * ;
```

```
import javax. swing. * ;
public class java3
{
    public static void main(String[] args)
    {
    JFrame frame = new SerialTransferFrame();
    frame. setDefaultCloseOperation(JFrame. EXIT_ON_CLOSE);
    frame. show();
    }
}
class SerialTransferFrame extends JFrame
{
    public SerialTransferFrame()
    {
    setTitle("java3");
    Container contentPane = getContentPane();
    chooser = new JColorChooser();
    contentPane. add(chooser，BorderLayout. CENTER);
    JPanel panel = new JPanel();
    JButton copyButton = new JButton("复制");
    panel. add(copyButton);
    copyButton. addActionListener(new
     ActionListener()
     {
     public void actionPerformed(ActionEvent event)
     {
     copy();
     }
     });
    JButton pasteButton = new JButton("粘贴");
    panel. add(pasteButton);
    pasteButton. addActionListener(new
     ActionListener()
     {
     public void actionPerformed(ActionEvent event)
     {
     paste();
     }
     });
    contentPane. add(panel，BorderLayout. SOUTH);
    pack();
    }
    private void copy()
    {
    Clipboard clipboard
```

< 110 >

```
      = Toolkit.getDefaultToolkit().getSystemClipboard();
   int color = chooser.getColor();
   SerialSelection selection = new SerialSelection(color);
   clipboard.setContents(selection, null);
   }
   private void paste()
   {
   Clipboard clipboard
    = Toolkit.getDefaultToolkit().getSystemClipboard();
   Transferable contents = clipboard.getContents(null);
   if (contents == null) return;
   try
   {
    DataFlavor flavor = new DataFlavor(
    "application/x—java—serialized—object;class=java.awt.Color");
    if (contents.isDataFlavorSupported(flavor))
    {
    Color color
     = (Color)contents.getTransferData(flavor);
     _____;
    }
   }
   catch(ClassNotFoundException exception)
   {
    JOptionPane.showMessageDialog(this, exception);
   }
   catch(UnsupportedFlavorException exception)
   {
    JOptionPane.showMessageDialog(this, exception);
   }
   catch(IOException exception)
   {
    JOptionPane.showMessageDialog(this, exception);
   }
   }
   private JColorChooser chooser;
}
class SerialSelection implements Transferable
{
   SerialSelection(Serializable o)
   {
   obj = o;
   }
   public DataFlavor[] getTransferDataFlavors()
   {
```

< 111 >

```
DataFlavor[] flavors = new DataFlavor[2];
Class type = obj.getClass();
String mimeType
 = "application/x-java-serialized-object;class="
 + type.getName();
try
{
 flavors[0] = new DataFlavor(mimeType);
 flavors[1] = DataFlavor.stringFlavor;
 return flavors;
}
catch (ClassNotFoundException exception)
{
 return new DataFlavor[0];
}
}
public boolean isDataFlavorSupported(DataFlavor flavor)
{
return
 DataFlavor.stringFlavor.equals(flavor) || "application".equals(flavor.getPrimaryType())
&& "x-java-serialized-object".equals(flavor.getSubType())
 && flavor.getRepresentationClass().isAssignableFrom(obj.getClass());
}
public void getTransferData(DataFlavor flavor)
throws UnsupportedFlavorException
{
if (! isDataFlavorSupported(flavor))
 throw new UnsupportedFlavorException(flavor);
if (DataFlavor.stringFlavor.equals(flavor))
 return obj.toString();
return obj;
}
private Serializable obj;
}
```

第20套　上机考试试题

一、基本操作题

本题中定义了一个带有参数的构造方法java1(),并定义了一个该类的对象temp。构造方法java1()有两个参数:字符串name和整型age。定义对象temp时将字符串"Tom"和整数17传递给构造方法,构造方法将这两个参数打印输出。

```
public class java1{
    String name;
    int age;
    public static void main(String[] args) {
```

< 112 >

```
String name="Tom";
int age=17;
java1 temp = _____;
}
public java1(String name,_____){
_____;
this. age=age;
System. out. println(name+" is "+age+" years old. ");
}
}
```

二、简单应用题

本题的功能是获取鼠标在窗口中的位置。当鼠标移进窗口中,就会实时显示鼠标在窗口中的相对位置,比如显示为"鼠标的当前位置:X:Y"。(其中,X 为横坐标,Y 为纵坐标)

```
import java. awt. * ;
import java. awt. event. * ;
import java. util. * ;
import javax. swing. * ;
public class java2
{
    public static void main(String[] args)
    {
    MouseFrame frame = new MouseFrame();
    frame. setDefaultCloseOperation(JFrame. EXIT_ON_CLOSE);
    frame. show();
    }
}
class MouseFrame extends JFrame
{
    public MouseFrame()
    {
    setTitle("java2");
    setSize(WIDTH，HEIGHT);
    MousePanel panel = new MousePanel();
    Container contentPane = getContentPane();
    contentPane. add(panel);
    }
    public static final int WIDTH = 300;
    public static final int HEIGHT = 200;
}
class MousePanel extends JPanel
{
    public MousePanel()
    {
    addMouseListener(new MouseHandler());
    addMouseMotionListener(new MouseMotionHandler());
```

< 113 >

```
}
public void paintComponent(Graphics g)
{
super. paintComponent(g);
String text = "鼠标指针位置:" + mousex + ":" + mousey;
g. drawString(text, 10, 10);
}
private int mousex,mousey;
private class MouseMotionHandler _____
{
public void mouseMoved(MouseEvent event)
{
mousex = event. getX();
mousey = event. getY();
repaint();
}
public void mouseDragged(MouseEvent event)
{
mousex = event. getX();
mousey = event. getY();
repaint();
}
}
private class MouseHandler _____
{
public void mousePressed(MouseEvent event)
{mousex = event. getX();
mousey = event. getY();
}
}
}
```

三、综合应用题

本题中使用了选项卡,窗口中有一个选项卡,总共有"系统"、"声卡"、"显卡"、"网卡"和"帮助"5项选项面。单击各个选项的文字标签后,所选中的选项将为当前选项。"系统"选项上有3个复选按钮,分别控制"声卡"、"显卡"和"网卡"三个选项,选中某个按钮后,它所指示的选项就可用,否则不可用。

```
import java. awt. * ;
import java. awt. event. * ;
import javax. swing. * ;
import javax. swing. event. * ;
public class java3 extends JFrame {
JTabbedPane config = new JTabbedPane();
public java3() {
super("java3");
setSize(500,300);
setDefaultCloseOperation(EXIT_ON_CLOSE);
```

```java
JPanel configPane = new JPanel();
configPane.setLayout(new BoxLayout(configPane, BoxLayout.Y_AXIS));
JTextArea question = new JTextArea("下面的哪个选项\n" + "你想设置?");
question.setEditable(false);
question.setMaximumSize(new Dimension(300,50));
question.setAlignmentX(0.0f);
question.setBackground(configPane.getBackground());
JCheckBox audioCB = new JCheckBox("声卡", true);
JCheckBox nicCB = new JCheckBox("网卡", true);
JCheckBox tvCB = new JCheckBox("显示卡", false);
configPane.add(Box.createVerticalGlue());
configPane.add(question);
configPane.add(audioCB);
configPane.add(nicCB);
configPane.add(tvCB);
configPane.add(Box.createVerticalGlue());
JLabel audioPane = new JLabel("声卡页面");
JLabel nicPane = new JLabel("网卡页面");
JLabel tvPane = new JLabel("显示卡页面");
JLabel helpPane = new JLabel("帮助信息");
audioCB.addItemListener(new TabManager(audioPane));
nicCB.addItemListener(new TabManager(nicPane));
tvCB.addItemListener(new TabManager(tvPane));
config.addTab("系统", null, configPane, "Choose Installed Options");
config.addTab("声卡", null, audioPane, "Audio system configuration");
config.addTab("网卡", null, nicPane, "Networking configuration");
config.addTab("显示卡", null, tvPane, "Video system configuration");
config.addTab("帮助", null, helpPane, "How Do I...");
getContentPane().add(config, BorderLayout.CENTER);
}

class TabManger implements ActionListener{
Component tab;
 public TabManager(Component tabToManage) {
tab = tabToManage;
 }
public void ItemStateChanged(ItemEvent ie){
int index = config.indexOfComponent(tab);
if (index ! = -1) {
 config.setEnabledAt(index, ie.getStateChange() == ItemEvent.SELECTED);
 }
this.repaint();
 }
}
public static void main(String args[]) {
    java3 sc = new java3();
```

<115>

```
        sc. setVisible(true);
    }
}
```

第21套 上机考试试题

一、基本操作题

本题的功能是计算二维数组 arr[][]={{34,21,45,67,20},{23,10,3,45,76},{22,3,79,56,50}}中的最小值,并输出。

```
public class java1{
    public static void main(String[] args) {
    int arr[][]={{34,21,45,67,20},{23,10,3,45,76},{22,3,79,56,50}};
    int i=0;
    int j=0;
    int min=arr[0][0];
    while(i<3){
    while(_____){
    if(arr[i][j]<min)
    min=arr[i][j];
    j++;
    }
    _____;
    _____;
    }
    System. out. println("The min:"+min);
    }
}
```

二、简单应用题

本题是一个 Applet,它显示了一个树型结构。单击树结点的时候,就能将其子结点展开,同时下面的文本框可以显示出所单击的结点的路径,比如单击了根结点下 B 结点下 B2 结点,则文本框显示为"[TOP,B,B2]"。

```
import java. awt. * ;
import java. awt. event. * ;
import javax. swing. * ;
import javax. swing. tree. * ;
public class java2 extends JApplet
{
    JTree tree;
    JTextField jtf;
    public void init()
    {
    Container cp=getContentPane();
    cp. setLayout(new BorderLayout());
    _____ top = new DefaultMutableTreeNode("TOP");
    DefaultMutableTreeNode a = new DefaultMutableTreeNode("A");
```

< 116 >

```
DefaultMutableTreeNode a1 = new DefaultMutableTreeNode("A1");
a. add(a1);
DefaultMutableTreeNode a2 = new DefaultMutableTreeNode("A2");
a. add(a2);
DefaultMutableTreeNode a3 = new DefaultMutableTreeNode("A3");
a. add(a3);
DefaultMutableTreeNode b = new DefaultMutableTreeNode("B");
DefaultMutableTreeNode b1 = new DefaultMutableTreeNode("B1");
b. add(b1);
DefaultMutableTreeNode b2 = new DefaultMutableTreeNode("B2");
b. add(b2);
DefaultMutableTreeNode b3 = new DefaultMutableTreeNode("B3");
b. add(b3);
top. add(a);
top. add(b);
tree = new JTree(top);
int v=ScrollPaneConstants. VERTICAL_SCROLLBAR_AS_NEEDED;
int h=ScrollPaneConstants. HORIZONTAL_SCROLLBAR_AS_NEEDED;
JScrollPane jsp = new JScrollPane(tree,v,h);
cp. add(jsp, BorderLayout. CENTER);
jtf=new JTextField(20);
cp. add(jtf,BorderLayout. SOUTH);
tree. addMouseListener(new MouseAdapter()
{
public void mouseClicked(MouseEvent me)
{
doMouseClicked(me);
}
});
}
void doMouseClicked(MouseEvent me)
{
_____ tp=tree. getPathForLocation(me. getX(),me. getY());
 if (tp! = null)
jtf. setText(tp. toString());
 else
jtf. setText("");
}
}
```

三、综合应用题

本题是一个计时器。窗口中有1个文字标签和3个按钮,名为"复位"、"开始"和"暂停",初始状态时只有"开始"按钮可用,单击该按钮开始计时,并且"开始"按钮的标签变为"继续"且不可用,"暂停"按钮变为可用,单击"暂停"按钮后"暂停"按钮变为不可用,"复位"和"继续"按钮变为可用,此时如果单击"复位"按钮将恢复到初始状态,如果单击"继续"按钮,则继续进行计数。

```
import java. awt. * ;
```

< 117 >

```
import java. awt. event. * ;
    public class java3 extends Frame extends Runnable{
    Label timeDisp = new Label(" 0:0 ", Label. CENTER);
    Thread timerThread;
    int time = 0;
    Button btReset = new Button("复位");
    Button btStart = new Button("开始");
    Button btStop = new Button("暂停");
    java3() {
    super("java3");
    Panel p = new Panel(new GridLayout(1, 0));
    btReset. setEnabled(false);
    btStop. setEnabled(true);
    addWindowListener(new WindowAdapter() {
    public void windowClosing(WindowEvent e) {
    System. exit(0);
    }
    });
    btReset. addActionListener(new ResetListener());
    btStop. addActionListener(new StopListener());
    btStart. addActionListener(new StartListener());
    p. add(btReset);
    p. add(btStart);
    p. add(btStop);
    add(p, BorderLayout. SOUTH);
    timeDisp. setFont(new Font("Courier", Font. BOLD, 60));
    add(timeDisp, BorderLayout. CENTER);
    pack();
    show();
    }
    void stop() {
    Thread t = timerThread;
    if (t ! = null) {
    timerThread = null;
    try { t. join(); } catch (Exception e) {}
    }
    }
    public void run() {
    while (timerThread == Thread. currentThread()) {
    timeDisp. setText("" + time/10 + ":" + time%10 + "0");
    time++;
    try { Thread. sleep(100); } catch (Exception e) {};
    }
    }
    class ResetListener implements ActionListener {
```

< 118 >

```
public void actionPerformed(ActionEvent evt) {
this. stop();
timeDisp. setText("0:0");
time = 0;
btReset. setEnabled(false);
btStart. setEnabled(true);
btStop. setEnabled(false);
btStart. setLabel("开始");
}
}
class StopListener implements ActionListener {
public void actionPerformed(ActionEvent evt) {
java3. this. stop();
btReset. setEnabled(true);
btStart. setEnabled(true);
btStop. setEnabled(false);
btStart. setLabel("继续");
}
}
class StartListener implements ActionListener {
public void actionPerformed(ActionEvent evt) {
timerThread = new Thread(java3. this);
timerThread. start();
btReset. setEnabled(false);
btStart. setEnabled(false);
btStop. setEnabled(true);
btStart. setLabel("继续");
}
}
static public void main(String[] args) {
new java3();
}
}
```

第22套 上机考试试题

一、基本操作题

本题读取用户输入的字符流，直到用户输入字符串 quit 后结束。

```
import java. io. * ;
public class java1{
    public static void main(String[] args) {

        _____ ;

    BufferedReader in;
    ir=new InputStreamReader(System. in);
```

< 119 >

```
in＝new BufferedReader(ir);
System. out. println("please input:");
while(_____){
try{
String s＝in. readLine();
System. out. println("echo:"＋s);
if(s. equals("quit"))
_____;
}catch(Exception e){
}
}
}
}
```

二、简单应用题

本题是一个 Applet,页面中有两个文本域,当左侧文本域中的文本发生变化时,该文本域中的文本以行为单位按长度由短到长排列在右边的文本域中。

```
import java. util. * ;
import java. applet. * ;
import java. awt. * ;
import java. awt. event. * ;
public class java2 extends Applet implements TextListener
{ TextArea text1,text2;
    public void init()
    { text1＝new TextArea(6,15);
    text2＝new TextArea(6,15);
    add(text1);add(text2);
    text2. setEditable(false);
    _____;
    }
    public void _____
    { if(e. getSource()＝＝text1)
    { String s＝text1. getText();
    StringTokenizer fenxi＝new StringTokenizer(s," ",'\n'");
    int n＝fenxi. countTokens();
    String a[]＝new String[n];
    for(int i＝0;i＜＝n－1;i＋＋)
    { String temp＝fenxi. nextToken();
    a[i]＝temp;
    }
    for(int i＝0;i＜＝n－1;i＋＋)
    { for(int j＝i＋1;j＜＝n－1;j＋＋)
    { if(a[j]. compareTo(a[i])＜0)
    { String t＝a[j]; a[j]＝a[i]; a[i]＝t;
    }
    }
```

```
        }
        text2. setText(null);
        for(int i=0;i<n;i++)
        { text2. append(a[i]+"\n");
        }
      }
    }
  }
}
```

三、综合应用题

本题的功能是跟踪鼠标在窗口的操作,以及在窗口的坐标,包括移进、移出、移动、单击、释放和拖曳,并将这些信息显示在窗口的文字标签上。

```
import java. awt. * ;
import java. awt. event. * ;
import javax. swing. * ;
public class java3 extends JFrame implements MouseListener MouseMotionListener
{
    private JLabel statusBar;
    public java3()
    {
    super( "java3" );
    statusBar = new JLabel();
    getContentPane. add(statusBar,BorderLayout. SOUTH);
    addMouseListener( this );
    addMouseMotionListener( this );
    setSize( 275 , 100 );
    show();
    }
    public void mouseClicked( MouseEvent e )
    {
    statusBar. setText( "Clicked at [" + e. getX() + ", " + e. getY() + "]" );
    }
    public void mousePressed( MouseEvent e )
    {
    statusBar. setText( "Pressed at [" + e. getX() + ", " + e. getY() + "]" );
    }
    public void mouseReleased( MouseEvent e )
    {
    statusBar. setText( "Released at [" + e. getX() + ", " + e. getY() + "]" );
    }
    public void mouseIn(MouseEvent e)
    {
    statusBar. setText( "Mouse in window" );
    }
    public void mouseExited( MouseEvent e )
    {
```

<121>

```
statusBar. setText( "Mouse outside window" );
}
public void mouseDragged( MouseEvent e )
{
statusBar. setText( "Dragged at [" + e. getX() + ", " + e. getY() + "]" );
}
public void mouseMoved( MouseEvent e )
{
statusBar. setText( "Moved at [" + e. getX() + ", " + e. getY() + "]" );
}
public static void main( String args[] )
{
java3 app = new java3();
app. addWindowListener( new WindowAdapter()
{
public void windowClosing( WindowEvent e )
{
System. exit( 0 );
}
} ;
}
}
```

第23套　上机考试试题

一、基本操作题

本题定义了一个求两个数的最大值的方法 max,并调用该方法计算 67 和 23 的最大值。

```
public class java1{
    public static void main(String[] args) {
    java1 temp=new java1();
    int res=max(67,23);
    System. out. println("res="+res);
    }
    static int max(_____){
    int maxNum;
    if(a>b)
    _____;
    else
    maxNum=b;
    _____;
    }
}
```

二、简单应用题

本题的功能是对下拉菜单项的操作,包括添加和删除。页面包括一个下拉菜单、一个文本框和两个按钮"删除"和"添加"，选中下拉菜单的一项后，可以通过"删除"按钮从下拉菜单中删除该项，在文本框中填入字符串后，单击"添加"按钮就可以将该项添加到下拉菜单中，所有信息都将显示在右侧的文本域中。

```java
import java. awt. * ;
import java. awt. event. * ;
public class java2 extends java. applet. Applet implements ItemListener, ActionListener
{ Choice choice;
    TextField text;
    TextArea area;
    Button add, dcl;
    public void init()
    { choice＝new Choice();
    text＝new TextField(8);
    area＝new TextArea(6,15);
    choice. add("音乐天地");
    choice. add("武术天地");
    choice. add("象棋乐园");
    choice. add("交友聊天");
    add＝new Button("添加");
    del＝new Button("删除");
    add. addActionListener(this);
    del. addActionListener(this);
    choice. addItemListener(this);
    add(choice);
    add(del);add(text);add(add);add(area);
    }
    public void itemStateChanged(ItemEvent e)
    { String name＝_____;
    int index＝choice. getSelectedIndex();
    area. setText("\n"＋index＋":"＋name);
    }
    public void actionPerformed(ActionEvent e)
    { if(e. getSource()＝＝add||e. getSource()＝＝text)
     { String name＝text. getText();
     if(name. length()＞0)
     { choice. add(name);
     choice. select(name);
     area. append("\n 添加"＋name);
     }
     }
    else if(e. getSource()＝＝del)
     { choice. remove(_____);
     area. append("\n 删除"＋choice. getSelectedItem());
     }
     }
 }
```

三、综合应用题

本题的功能是定义自已的组件类。窗口中排布着12个按钮,鼠标移动按钮时,按钮背景颜色改变,用鼠标单击按钮时,后台将显示该按钮对应的字符。

```
import java. awt. * ;
import java. awt. event. * ;
import java. util. * ;
class java3 extends Frame {
    String keys = "123456789 * 0# ";
    java3() {
    super("java3");
    addWindowListener(new WindowAdapter() {
    public void windowClosing(WindowEvent e) {
    System. exit(0);
    }
    });
    setLayout(new GridLayout(4, 3, 6, 6));
    for (int i=0;i<keyslength;i++)){
    KeyButton kb = new KeyButton(keys. charAt(i));
    kb. addkeyListener(this);
    kb. setBackground(Color. pink);
    kb. setForeground(Color. black);
    add(kb);
    }
    setSize(200, 200);
    show();
    }
    class KeyEventHandler extends KeyAdapter {
    public void keyTyped(KeyEvent evt) {
    System. out. println(evt. getChar());
    }
    }
    public static void main(String[] args) {
    new java3();
    }
}
class KeyButton extends Component {
    KeyListener keyListener;
    boolean highlighted;
    char key;
    KeyButton(char k) {
    this. key = k;
    addMouseListener(new MouseEventHandler());
    }
    public void paint(Graphics g) {
    int w = getSize(). width;
    int h = getSize(). height;
```

< 124 >

```
String s = ""+key;
FontMetrics fm = g.getFontMetrics();
if (highlighted) {
g.setColor(getBackground());
g.fillRoundRect(0, 0, w-1, h-1, 10, 10);
}
g.setColor(getForeground());
g.drawRoundRect(0, 0, w-1, h-1, 10, 10);
g.drawString(s, (w-fm.stringWidth(s))/2,
(h-fm.getHeight())/2+fm.getAscent());
}
class MouseEventHandler extends MouseAdapter {
public void mousePressed(MouseEvent evt) {
if (keyListener ! = null) {
keyListener.keyTyped(
new KeyEvent(KeyButton.this, KeyEvent.KEY_TYPED,
System.currentTimeMillis(),
0, KeyEvent.VK_UNDEFINED, key));
}
}
public void mouseEntered(MouseEvent evt) {
highlighted = true;
repaint();
}
public void mouseExited(MouseEvent evt) {
highlighted = false;
repaint();
}
}
public synchronized void addKeyListener(KeyListener l) {
keyListener = AWTEventMulticaster.add(keyListener, l);
}
public synchronized void removeKeyListener(KeyListener l) {
keyListener = AWTEventMulticaster.remove(keyListener, l);
}
}
```

第24套 上机考试试题

一、基本操作题

本题中定义了一个长度为20的整数数组,然后将1～20分别赋给数组元素,计算该数组中所有下标为奇数的元素的和。

```
public class java1{
    public static void main(String args[]){
```

< 125 >

```
    int sum;
    _____ ;
    int arrayList[ ] = new int[20];
    for(int i=0; i<=19; i++)
    arrayList[i]=i+1;
    int pos=0;
    while(pos<20){
    if(_____)
    sum=sum+arrayList[pos];
    _____ ;
    }
    System. out. println("sum="+sum);
    }
}
```

二、简单应用题

本题的功能是通过按钮来选择窗口显示的风格。窗口中有三个按钮："Metal"、"Motif"和"Windows"，单击任何一个按钮，就能将窗口的风格改变为按钮名称所对应的风格。

```
import java. awt. * ;
import java. awt. event. * ;
import javax. swing. * ;
class PlafPanel extends JPanel implements ActionListener
{ public _____()
    { metalButton = new JButton("Metal");
    motifButton = new JButton("Motif");
    windowsButton = new JButton("Windows");
    add(metalButton);
    add(motifButton);
    add(windowsButton);
    metalButton. addActionListener(this);
    motifButton. addActionListener(this);
    windowsButton. addActionListener(this);
    }
    public void actionPerformed(ActionEvent evt)
    { Object source = evt. getSource();
    String plaf = "";
    if (source == metalButton)
    plaf = "javax. swing. plaf. metal. MetalLookAndFeel";
    else if (source == motifButton)
    plaf = "com. sun. java. swing. plaf. motif. MotifLookAndFeel";
    else if (source == windowsButton)
    plaf = "com. sun. java. swing. plaf. windows. WindowsLookAndFeel";
    try
    { UIManager. setLookAndFeel(_____);
    SwingUtilities. updateComponentTreeUI(this);
    }
```

```
   catch(Exception e) {}
   }
   private JButton metalButton;
   private JButton motifButton;
   private JButton windowsButton;
   }
class PlafFrame extends JFrame
{ public PlafFrame()
{ setTitle("simple");
setSize(300, 200);
addWindowListener(new WindowAdapter()
{ public void windowClosing(WindowEvent e)
{ System. exit(0);
}
} );
Container contentPane = getContentPane();
contentPane. add(new PlafPanel());
}
}
   public class java2
{ public static void main(String[] args)
   { JFrame frame = new PlafFrame();
   frame. show();
   }
}
```

三、综合应用题

本程序的功能是获取文本框中的文本。窗口中有两个文本框"用户名"和"密码",以及三个按钮"登录"、"其他用户登录"和"关闭",初始状态"用户名"文本框是只读的,单击"其他用户登录"按钮后变成可写的,"密码"文本框使用的不是密码文本框,在用户键入的时候设置显示为 * 号。输入用户名和密码后,单击"登录"按钮后,如果输入的密码为空,则弹出提示消息框,否则后台将显示输入的用户名和密码。比如显示为"admin用户的密码:password"(admin为输入的用户名,password为输入密码)。

```
import java. awt. * ;
import java. awt. event. * ;
import javax. swing. JOptionPane;
public class java3
{
    public static void main(String args[])
    {
    final Frame frmFrame = new Frame();
    Panel pnlPanel = new Panel();
    Label lblUsername = new Label("用户名");
    Label lblPassword = new Label("密码");
    final TextField txtUsername = new TextField("Student");
    final TextField txtPassword = new TextField("", 8);
    txtUsername. setEditable(false);
```

< 127 >

```java
txtPassword. setChar('*');
Button btnButton1 = new Button("登录");
Button btnButton2 = new Button("其他用户登录");
Button btnButton3 = new Button("关闭");
btnButton1. addActionListener( new ActionListener()
{
public void actionPerformed(ActionEvent e)
{
if( (txtPassword. getText()). length() == 0 )
{
JOptionPane. showMessageDialog(frmFrame,"密码不能为空");
return;
}
txtPassword. setColumns(16);
System. out. println( txtUsername. getText()+"用户的密码:"
    +txtPassword. getPassword());
}
});
btnButton2. addActionListener( new ActionListener()
{
public void actionPerformed(ActionEvent e)
{
txtUsername. setEnable(true);
}
});
btnButton3. addActionListener( new ActionListener()
{
public void actionPerformed(ActionEvent e)
{
System. exit(0);
}
});
pnlPanel. add(lblUsername);
pnlPanel. add(txtUsername);
pnlPanel. add(lblPassword);
pnlPanel. add(txtPassword);
pnlPanel. add(btnButton1);
pnlPanel. add(btnButton2);
pnlPanel. add(btnButton3);
frmFrame. add(pnlPanel);
frmFrame. setTitle("advance");
frmFrame. pack();
frmFrame. show();
}
}
```

< 128 >

第25套 上机考试试题

一、基本操作题

本题提示输入年份，然后判断该年份是否为闰年。

```
import java. io. * ;
public class java1{
    public static void main(String[] args) {
    InputStreamReader ir;
    BufferedReader in;
    ir＝new InputStreamReader(System. in);
    in＝new BufferedReader(ir);
    int year＝1900;
    System. out. print("请输入年份:");
    try{
    String s＝in. readLine();
    _____;
    }_____(Exception e){
    }
    if(_____)
    System. out. println(year＋"是闰年");
    else
    System. out. println(year＋"不是闰年");
    }
}
```

二、简单应用题

本题使用下拉菜单来控制字体,窗口中有一个标签和一个下拉菜单,当选中下拉菜单中的任一项字体时,标签上字符串的字体就随之改变。

```
import java. awt. * ;
import java. awt. event. * ;
import javax. swing. * ;
class ComboBoxFrame extends JFrame _____{
    public ComboBoxFrame(){
    setTitle("java2");
    setSize(300,200);
    addWindowListener(new WindowAdapter(){
    public void windowClosing(WindowEvent e){
    System. exit(0);
    }
    });
    style = new JComboBox();
    style. setEditable(true);
    style. addItem("Serif");
    style. addItem("SansSerif");
```

```
        style. addItem("Monospaced");
        style. addItem("Dialog");
        style. addItem("DialogInput");
        style. addActionListener(this);
        JPanel p = new JPanel();
        p. add(style);
        getContentPane(). add(p, "South");
        panel = new ComboBoxTestPanel();
        getContentPane(). add(panel, "Center");
        }
        public void actionPerformed(ActionEvent evt){
        JComboBox source = (JComboBox)_____;
        String item = (String)source. getSelectedItem();
        panel. setStyle(item);
        }
        private ComboBoxTestPanel panel;
        private JComboBox style;
}
class ComboBoxTestPanel extends JPanel{
        public ComboBoxTestPanel() {
        setStyle("Serif");
        }
        public void setStyle(String s){
        setFont(new Font(s, Font. PLAIN, 12));
        repaint();
        }
        public void paintComponent(Graphics g){
         super. paintComponent(g);
        g. drawString("Welcome to China!", 0, 50);
        }
}
public class java2{
        public static void main(String[] args){
        JFrame frame = new ComboBoxFrame();
        frame. show();
        }
}
```

三、综合应用题

本题是一个 Applet,功能是监听用对于文本域中文本的选择。页面中有一个文本域、一个"复制"按钮和一个文本框,选中文本域中部分文字后,单击按钮"复制",所选文字将显示在文本框中。

```
import java. applet. Applet;
import java. awt. * ;
import java. awt. event. * ;
public class java3 extends Applet implements ActionListener
{
```

```
TextArea ta＝new TextArea(5,30);
TextField tf＝new TextField(30);
Button button＝new Button("复制");
String text＝"AWT 提供基本的 GUI 组件,\n"＋"具有可以扩展的超类,\n"＋"它们的属性是继承的。\n";
public void init()
{
setLayout(new FlowLayout(FlowLayout. left));
ta. setText(text);
ta. setEditable(true);
add(ta);
add(button);
add(tf);
ta. addActionListener(this);
}
public void actionPerformed(ActionEvent e)
{
String s;
s＝ta. getSelectText();
if(e. getSource()＝＝button)
tf. setText(s);
}
}
```

第26套 上机考试试题

一、基本操作题

本题定义了一个方法 add(),用于求两个整形数的和。方法中有两个整形参数 a 和 b,方法体中计算 a 和 b 的和 sum,并将结果返回。程序中调用 add()方法求整数 24 和 34 的和,并将结果打印输出。

```
public class java1{
    public static void main(String[] args) {
    int a＝24,b＝34;
    System. out. println(add(a,b));
    }
    public static int add(_____){
    _____;
    sum＝a＋b;
    _____;
    }
}
```

二、简单应用题

本题中,主窗口有一个按钮"显示 Dialog",单击该按钮后显示一个对话框,对话框的标题是"Dialog",其上有一个文字标签"欢迎学习 Java.",此时仍允许对原来窗口进行操作,当关闭新生成的对话框时退出程序。

```
import java. awt. * ;
import java. awt. event. * ;
```

```
import javax. swing. * ;
public class java2 extends Frame implements ActionListener{
    public static void main(String args[]){
    java2 f = new java2("java2");
    Panel pan=new Panel();
    f. init();
    }
    public java2(String str){
    super(str);
    }
    public void init(){
    addWindowListener(new WindowAdapter(){
    public void windowClosing(WindowEvent e){
    System. exit(0);
    }
    });
    setSize(200,200);
    setLayout(new FlowLayout());
    but = new Button("显示 Dialog");
    add(but);
    but. addActionListener(this);
    dlg = new Dialog(this,"Dialog",_____);
    dlg. setSize(100,50);
    dlg. addWindowListener(new WindowAdapter(){
    public void windowClosing(WindowEvent e){
    _____;
    }
    });
    dlg. add("Center",new Label("欢迎学习 Java. "));
    setVisible(true);
    }
    public void actionPerformed(ActionEvent e){
    dlg. setVisible(true);
    }
    private Dialog dlg;
    private Button but;
}
```

三、综合应用题

本题的功能是监听鼠标的拖曳操作。窗口中有一个列表框,列表框中列出了当前目录的所有文件,鼠标选中一个或多个文件后拖曳出窗口,此操作的功能是将拖曳的文件复制一份在拖曳的目的目录下。

```
import java. awt. * ;
import java. awt. datatransfer. * ;
import java. awt. dnd. * ;
import java. awt. event. * ;
import java. io. * ;
```

< 132 >

```
import java. util. * ;
import javax. swing. * ;
public class java3
{
    public static void main(String[] args)
    {
    JFrame frame = new DragSourceFrame();
    frame. setDefaultCloseOperation(JFrame. EXIT_ON_CLOSE);
    frame. show();
    }
}
class DragSourceFrame extends JFrame
{
    public DragSourceFrame()
    {
    setTitle("java3");
    setSize(WIDTH, HEIGHT);
    Container contentPane = getContentPane();
    File f=new File("."). getabsoluteFile();
    File[] files = f. listFiles();
    model = new DefaultListModel();
    for (int i=0;i<files. length();i++)
     try
     {
     model. addElement(files[i]. getCanonicalFile());
     }
     catch (IOException exception)
     {
     JOptionPane. showMessageDialog(this, exception);
     }
    fileList = new JList(model);
    contentPane. add(new JScrollPane(fileList),
     BorderLayout. CENTER);
    contentPane. add(new JLabel("从列表中拖曳出文件"),
     BorderLayout. NORTH);
    DragSource dragSource = DragSource. getDefaultDragSource();
    dragSource. createDefaultDragGestureRecognizer(fileList,
     DnDConstants. ACTION_COPY_OR_MOVE, new
     DragGestureListener()
     {
     public void dragGestureRecognized(
     DragGestureEvent event)
     {
     draggedValues = fileList. getSelectedValues();
     Transferable transferable
```

< 133 >

```
= new FileListTransferable(draggedValues);
event. startDrag(null, transferable,
new FileListDragSourceListener());
}
});
}

private class FileListDragSourceListener implements DragSourceAdapter
{
public void dragDropEnd(DragSourceDropEvent event)
{
if (event. getDropSuccess())
{
int action = event. getDropAction();
if (action == DnDConstants. ACTION_MOVE)
{
for (int i = 0; i < draggedValues. length; i++)
model. removeElement(draggedValues[i]);
}
}
}
}
private JList fileList;
private DefaultListModel model;
private Object[] draggedValues;
private static final int WIDTH = 300;
private static final int HEIGHT = 200;
}
class FileListTransferable implements Transferable
{
public FileListTransferable(Object[] files)
{
fileList = new ArrayList(Arrays. asList(files));
}
public DataFlavor[] getTransferDataFlavors()
{
return flavors;
}
public boolean isDataFlavorSupported(DataFlavor flavor)
{
return Arrays. asList(flavors). contains(flavor);
}
public Object getTransferData(DataFlavor flavor)
throws UnsupportedFlavorException
{
if(flavor. equals(DataFlavor. javaFileListFlavor))
```

< 134 >

```
        return fileList;
        else if(flavor. equals(DataFlavor. stringFlavor))
         return fileList. toString();
        else
         throw new UnsupportedFlavorException(flavor);
        }
        private static DataFlavor[] flavors =
        {
        DataFlavor. javaFileListFlavor,
        DataFlavor. stringFlavor
        };
        private java. util. List fileList;
    }
```

第27套 上机考试试题

一、基本操作题

本题统计 score[]={37,89,63,60,59,78,91}中成绩不及格的人数。

```
public class java1{
    public static void main(String[] args) {
    int score[]={37,89,63,60,59,78,91};
    int sum=0;
    int i=0;
    while(i<score. length){
    if(score[i]>=60){
    _____;
    _____;
    }
    _____;
    i++;
    }
    System. out. println("below 60 sum:"+sum);
    }
}
```

二、简单应用题

本题中,在窗口右侧添加了一个菜单,右侧为一个文本域,菜单有"File"和"Help","File"菜单中有菜单项"New"、"Open"、"Save"、"Save as"和"Exit",其中"Open"的快捷键为<Ctrl+O>,"Save"的快捷键为<Ctrl+S>,而"Help"菜单以及其中的菜单项"Index"和"About"设定了第一个字母为其快捷字母,通过鼠标单击任一个菜单项或通过快捷键以及快捷字母,都能在后台输入所选择的菜单项。

```
import java. awt. * ;
import java. awt. event. * ;
import javax. swing. * ;
import javax. swing. event. * ;
public class java2 extends JFrame _____
```

<135>

```
{
    private JMenuItem saveItem;
    private JMenuItem saveAsItem;
    private JPopupMenu popup;
    private JTextArea textArea;
    public java2()
    { setTitle("java2");
    setSize(400, 300);
    addWindowListener(new WindowAdapter() {
     public void windowClosing(WindowEvent e) {
     System. exit(0);
     }
    });
    textArea = new JTextArea(0, 0);
    Container contentPane = getContentPane();
    contentPane. add(new JScrollPane(textArea), "Center");
    JMenuBar menuBar = new JMenuBar();
    menuBar. setLayout(new BoxLayout(menuBar, BoxLayout. Y_AXIS));
    getContentPane(). add(menuBar, BorderLayout. WEST);
    HorizontalMenu fileMenu = new HorizontalMenu("File");
    fileMenu. addMenuListener(this);
    JMenuItem openItem = new JMenuItem("Open");
    openItem. setAccelerator(KeyStroke. getKeyStroke(KeyEvent. VK_O, InputEvent. CTRL_MASK));
    saveItem = new JMenuItem("Save");
    saveItem. setAccelerator(KeyStroke. getKeyStroke(KeyEvent. VK_S, InputEvent. CTRL_MASK));
    saveAsItem = new JMenuItem("Save As");
    menuBar. add(makeMenu(fileMenu,
     new Object[] {
     "New", openItem, null, saveItem, saveAsItem, null, "Exit"
     }, this));
    HorizontalMenu helpMenu = new HorizontalMenu("Help");
    helpMenu. _____('H');
     menuBar. add(Box. createVerticalGlue());
    menuBar. add(makeMenu(helpMenu,
     new Object[]
     { new JMenuItem("Index", 'I'),
     new JMenuItem("About", 'A')
     }, this));
    }
    public void actionPerformed(ActionEvent evt) {
    String arg = evt. getActionCommand();
    System. out. println(arg);
    if(arg. equals("Exit"))
     System. exit(0);
    }
```

< 136 >

```
public void menuSelected(MenuEvent evt) {
}
public void menuDeselected(MenuEvent evt) {
}
public void menuCanceled(MenuEvent evt) {
}
public HorizontalMenu makeMenu(Object parent, Object[] items, Object target)
{
HorizontalMenu m = null;
if (parent instanceof HorizontalMenu)
 m = (HorizontalMenu)parent;
else if (parent instanceof String)
 m = new HorizontalMenu((String)parent);
else
 return null;
m. setMinimumSize(m. getPreferredSize());
for (int i = 0; i < items. length; i++) {
if (items[i] == null)
 m. addSeparator();
 else
m. add(makeMenuItem(items[i], target));
}
return m;
}
public static JMenuItem makeMenuItem(Object item, Object target)
{
JMenuItem r = null;
if (item instanceof String)
 r = new JMenuItem((String)item);
else if (item instanceof JMenuItem)
 r = (JMenuItem)item;
else return null;
if (target instanceof ActionListener)
 r. addActionListener((ActionListener)target);
return r;
}
class HorizontalMenu extends JMenu {
HorizontalMenu(String label) {
super(label);
JPopupMenu pm = getPopupMenu();
pm. setLayout(new BoxLayout(pm, BoxLayout. X_AXIS));
setMinimumSize(getPreferredSize());
}
}
public static void main(String[] args) {
```

```
Frame f = new java2();
f. show();
}
}
```

三、综合应用题

本题中,主窗口中有两个下拉菜单,一个控制绘制图形的颜色,另一个控制绘制的图形,在画板中单击鼠标,则以单击的位置为左上角、以选定的颜色绘制选定的图形。

```
import java. awt. * ;
import java. awt. event. * ;
class java3 extends Frame {
    String[] figureNames = {"圆形","椭圆形","正方形","长方形"};
    String[] colorNames = {"红色","绿色","蓝色","黄色"};
    Color[] colorValues = {Color. red, Color. green,
    Color. blue, Color. yellow};
    Choice chFigure = new Choice();
    Choice chColor = new Choice();
    int curX, curY;
    java3() {
    super("java3");
    addWindowListener(new WindowAdapter() {
    public void windowClosing(WindowEvent e) {
    System. exit(0);
    }
    });
    Panel p = new Panel(new GridLayout(1, 0));
    for (int i=0; i<figureNames. length; i++) {
    chFigure. addItem(figureNames[i]);
    }
    for (int i=0; i<colorNames. length; i++) {
    chColor. addItem(colorNames[i]);
    }
    p. add(chColor);
    p. add(chFigure);
    add(p, BorderLayout. NORTH);
    addMouseListener(this);
    setSize(300, 300);
    show();
    }
    public void update(Graphics g) {
    g. getColor(colorValues[chColor. getSelectedIndex()]);
    switch (chFigure. getSelectedIndex()) {
    case 0:
    g. fillOval(curX, curY, 30, 30);
    break;
    case 1:
```

< 138 >

```
g. fillOval(curX, curY, 30, 50);
break;
case 2:
g. fillRect(curX, curY, 30, 30);
break;
case 3:
g. fillRect(curX, curY, 30, 50);
break;
}
}
class MouseEventListener implements MouseAdapter{
public void mousePressed(MouseEvent evt) {
curX = evt. getX();
curY = evt. getY();
repaint();
}
}
static public void main(String[] args) {
new java3();
}
}
```

第28套 上机考试试题

一、基本操作题

本题的功能是读入运行程序时所传入的参数(一个或多个),并将参数依次显示出来,比如运行程序:java java1 part1 part2,则打印输出为:part1 part2。

```
public class java1{
    public static void main(String[] args) {
    int i = 0;
    while(_____) {
    System. out. print(_____ + " ");
    _____;
    }
    System. out. println();
    }
}
```

二、简单应用题

本题的功能是,用户利用单选按钮选择性别,在下面的标签中显示用户的选择结果。

```
import java. awt. * ;
_____;
public class java2{
    public static void main(String args[]){
    Frame f = new Frame("java2");
```

< 139 >

```
f. setLayout(new GridLayout(3,1));
f. addWindowListener(new WindowAdapter(){
public void windowClosing(WindowEvent e){
System. exit(0);
}
});
CheckboxGroup cg＝new CheckboxGroup();
Checkbox male＝new Checkbox("男",cg,false);
Checkbox female＝new Checkbox("女",cg,false);
final Label la＝new Label("请选择你的性别");
male. addItemListener(new ItemListener(){
public void itemStateChanged(ItemEvent e){
la. setText("你是个男生?");
}
});
female. addItemListener(new ItemListener(){
public void itemStateChanged(ItemEvent e){
la. setText("你是个女生?");
}
});
f. add(male);
f. add(female);
f. add(la);
f. setSize(200,200);
_____;
}
}
```

三、综合应用题

本题的功能是监听对于列表项的操作。窗口中有一个列表和三个按钮"添加"、"删除"和"关闭"。单击"添加"按钮,则会在当前所选列表项后添加一个名为"新增表项"的列表项,同时后台输入列表中的表项数量。单击"删除"按钮后,如果未选中表项,则弹出提示消息框"请选择表项"。否则将选中的表项删除,同时后台输出删除表项的内容和列表中的表项数量。单击"关闭"按钮退出程序。

```
import java. awt. * ;
import java. awt. event. * ;
import javax. swing. JOptionPane;
public class java3
{
public static void main(String args[])
{
final Frame frmFrame = new Frame();
Panel pnlPanel1 = new Panel();
Panel pnlPanel2 = new Panel();
final List lstList = new List(8);
for( int i＝0; i<10; i＋＋ )
{
```

```
String strName = "表项" + (new Integer(i+1)). toString();
lstList. add( strName );
}

Button btnButton1 = new Button("添加");
Button btnButton2 = new Button("删除");
Button btnButton3 = new Button("关闭");
btnButton1. addActionListener( new ActionListener()
{
public void actionPerformed(ActionEvent e)
{
lstList. add("新增表项",lstList. getSelected()+1);
System. out. println("列表中的表项数量:" + lstList. getItemCount() );
}
});
btnButton2. addActionListener( new ActionListener()
{
public void actionPerformed(ActionEvent e)
{
if(lstList. getSelected()==null)
{
JOptionPane. showMessageDialog(frmFrame,"请选择表项");
return;
}
System. out. println("删除表项的内容:" + lstList. getSelectedItem() );
lstList. delete(lstList. getSelectedIndex());
System. out. println("列表中的表项数量:" + lstList. getItemCount() );
}
});
btnButton3. addActionListener( new ActionListener()
{
public void actionPerformed(ActionEvent e)
{
System. exit(0);
}
});
pnlPanel1. add(lstList);
pnlPanel2. add(btnButton1);
pnlPanel2. add(btnButton2);
pnlPanel2. add(btnButton3);
frmFrame. add("North", pnlPanel1);
frmFrame. add("South", pnlPanel2);
frmFrame. setTitle("java3");
frmFrame. pack();
frmFrame. show();
}
```

```
}
```

第29套 上机考试试题

一、基本操作题

本题的功能是计算二维数组各个元素的和。程序中定义了二维数组 arr,arr 有 3 行 4 列共 12 个元素,程序中采用 for 循环语句的嵌套来计算数组中各个元素的和,并将结果保存在 sum 变量中,最后打印输出结果。

```java
public class java1{
    public static void main(String[] args) {
    int arr[][]={{1,2,3,4},{5,6,7,8},{9,10,11,12}};
    int sum=0;
    int i=0,j=0;
    for(i=0;_____)
    for(_____)
    _____;
    System. out. println("sum="+sum);
    }
}
```

二、简单应用题

本题是设计一个窗体,窗口的背景色为系统桌面的颜色,在窗口中分别画了空心和实心的黑色矩形、深灰色圆角矩形和浅灰色椭圆形,并且画了白色粗体的"Java 二级考试!"字符串。

```java
Import java. awt. * ;
Import javax. swing. * ;
Public class java2
{
Public static void main(string[] args)
{
Fillframe frame=new fillframe();
Frame. setdefaultcloseoperation(jframe. exit_on_close);
Frame. show();
}
}
Class fillframe extends jframe
{
  Public fillframe()
{
  Settitle("simple");
  Setsize(width,height);
Fillpanel panel=new fillpanel();
Panel. setbackground(systemcolor. desktop);
Container contentpane=getcontentpane();
Contentpane. add(panel);
}
Public static final int width=400;
```

```
Public static final int width＝250;
}
Class fillpanel extends jpanel
{
    Public void paintcomponent(graphics g)
    {
    _____;
    g. setcolor(new color(10,10,10));
    g. drawrect(10,10,100,30);
    g. setcolor(new color(100,100,100));
    g. drawroundrect(150,10,100,30,15,15);
    g. setcolor(new color(150,150,150));
    g. drawoval(280,10,80,30);
    g. setcolor(new color(10,10,10));
    g. fillrect(10,110,100,30);
    g. setcolor(new color(100,100,100));
    g. drawroundrect(150,110,100,30,15,15);
    g. setcolor(new color(150,150,150));
    g. filloval(280,110,80,30);
    g. setcolor(color. white);
    font f＝new font("宋体",__,20);
    g. setfont(f);
    g. drawstring("java 二级考试!",150,200);
    }
}
```

三、综合应用题

本题的功能是监听鼠标的操作。鼠标置于窗口中单击时(左键或右键),在单击的地方会画一个小矩形,如果将鼠标置于小矩形上,则鼠标光标状态改为小十字,按下鼠标左键可拖曳,双击鼠标左键(或右键)时,小矩形消失。

```
import java. awt. * ;
import java. awt. event. * ;
import java. util. * ;
import java. awt. geom. * ;
import javax. swing. * ;
public class java3
{
    public static void main(String[] args)
    {
    MouseFrame frame = new MouseFrame();
    frame. setDefaultCloseOperation(JFrame. EXIT_ON_CLOSE);
    frame. show();
    }
}
class MouseFrame extends JFrame
{
    public MouseFrame()
```

```
        {
        setTitle("java3");
        setSize(DEFAULT_WIDTH, DEFAULT_HEIGHT);
        MousePanel panel = new MousePanel();
        Container contentPane = getContentPane();
        contentPane.add(panel);
        }
        public static final int DEFAULT_WIDTH = 300;
        public static final int DEFAULT_HEIGHT = 200;
}
class MousePanel extends JPanel
{
        public MousePanel()
        {
        squares = new ArrayList();
        current = null;
        addMouseListener(new MouseHandler());
        addMouseMotionListener(new MouseMotionHandler());
        }
        public void paintComponent(Graphics g)
        {
        super.paintComponent(g);
        Graphics2D g2 = (Graphics2D)g;
        for (int i = 0; i < squares.size(); i++)
        g2.draw((Rectangle2D)squares.get(i));
        }
        public void find (Point2D p)
        {
        for (int i = 0; i < squares.size(); i++)
        {
        Rectangle2D r = (Rectangle2D)squares.get(i);
        if (r.contains(p)) return r;
        }
        return null;
        }
        public void add(Point2D p)
        {
        double x = p.getX();
        double y = p.getY();
        current = new Rectangle2D.Double(
        x - SIDELENGTH / 2,
        y - SIDELENGTH / 2,
        SIDELENGTH,
        SIDELENGTH);
        squares.add(current);
```

< 144 >

```
repaint();
}
public void remove(Rectangle2D s)
{
if (s == null) return;
if (s == current) current = null;
squares. remove(s);
repaint();
}
private static final int SIDELENGTH = 10;
private ArrayList squares;
private Rectangle2D current;
private class MouseHandler extends MouseActionListener
{
public void mousePressed(MouseEvent event)
{
current = find(event. getPoint());
if (current == null)
add(event. getPoint());
}
public void mouseClicked(MouseEvent event)
{
current = find(event. getPoint());
if (current ! = null && event. getClickCount() >= 2)
remove(current);
}
}
private class MouseMotionHandler implements MouseMotionListener
{
public void mouseMoved(MouseEvent event)
{
if (find(event. getPoint)==null)
setCursor(Cursor. getDefaultCursor());
else
setCursor(Cursor. getPredefinedCursor
(Cursor. CROSSHAIR_CURSOR));
}
public void mouseDragged(MouseEvent event)
{
if (current ! = null)
{
int x = event. getX();
int y = event. getY();
current. setFrame(
x - SIDELENGTH / 2,
```

< 145 >

```
            y － SIDELENGTH / 2,
            SIDELENGTH,
            SIDELENGTH);
            repaint();
            }
          }
        }
      }
```

第30套 上机考试试题

一、基本操作题

本题分别比较两个字符串"A"和"a"是否相等,并比较两个字符"A"和"a"是否相等,并输出比较结果。

```
public class java1{
    public static void main(String[] args) {
        _____;
        c1＝'A';c2＝'a';
        String str1＝new String("A"),str2＝new String("a");
        if(_____)
        System. out. println(" char "＋c1＋" equals "＋" char "＋c2);
        else
        System. out. println(" char "＋c1＋" doesn't equal "＋" char "＋c2);
        if(_____)
        System. out. println(" string "＋str1＋" equals "＋" string "＋str2);
        else
        System. out. println(" string "＋str1＋" doesn't equal "＋" string "＋str2);
    }
}
```

二、简单应用题

本题是一个 Applet,页面上有一个按钮"请单击",单击该按钮后弹出一个对话框,对话框上有三个按钮"橙色"、"蓝色"和"红色",单击其中任意一个按钮,则可以将对话框的背景色设置为按钮名称所对应的颜色。

```
import java. awt. * ;
import java. awt. event. * ;
import javax. swing. * ;
public class java2 extends JApplet
{
    private JFrame frame;
    _____()
    {
    frame = new JFrame();
    frame. setTitle("java2");
    frame. setSize(300, 200);
    frame. getContentPane(). add(new ButtonPanel());
    JButton PopButton = new JButton("请单击");
```

```
    getContentPane(). add(PopButton);
    PopButton. addActionListener(new ActionListener()
    {
    public void actionPerformed(ActionEvent evt)
    {
    if (frame. isVisible()) frame. setVisible(false);
    else _____;
    }
    });
    }
}
class ButtonPanel extends JPanel
{
    private class ColorAction implements ActionListener
    {
    private Color backgroundColor;
    public void actionPerformed(ActionEvent actionevent)
    {
    setBackground(backgroundColor);
    repaint();
    }
    public ColorAction(Color color)
    {
    backgroundColor = color;
    }
    }
    public ButtonPanel()
    {
    JButton jbutton = new JButton("橙色");
    JButton jbutton1 = new JButton("蓝色");
    JButton jbutton2 = new JButton("红色");
    add(jbutton);
    add(jbutton1);
    add(jbutton2);
    ColorAction coloraction = new ColorAction(Color. orange);
    ColorAction coloraction1 = new ColorAction(Color. blue);
    ColorAction coloraction2 = new ColorAction(Color. red);
    jbutton. addActionListener(coloraction);
    jbutton1. addActionListener(coloraction1);
    jbutton2. addActionListener(coloraction2);
    }
}
```

三、综合应用题

　　本题的功能是用按钮来控制文本框中文本的颜色。窗口中有两个带有文字标题的面板"Sample text"和"Text color control"，窗口的底部还有一个复选按钮"Disable changes"。在"Sample text"面板中有一个带有字符串的文本框,而在"Text col-

< 147 >

or control"面板中有三个按钮："Black"、"Red"和"Green"，并且每个按钮上都有一个对应颜色的圆。单击任意按钮，文本框中的文本变成对应的颜色，如果选中"Disable changes"复选项，则三个颜色按钮变为不可用，如果取消选中复选项，则三个按钮变为可用。

```java
import javax. swing. * ;
import java. awt. * ;
import java. awt. event. * ;
public class java3 extends JFrame {
    private JPanel upper, middle, lower;
    private JTextField text;
    private JButton black, red, green;
    private JCheckBox disable;
    public java3( String titleText ) {
    super( titleText );
    addWindowListener( new WindowAdapter() {
    public void
    windowClosing( WindowEvent e ) {
    System. exit( 0 );
    }
    }
    );
    upper = new JPanel();
    upper. setBorder(BorderFactory. createTitledBorder("Sample text" ) );
    upper. setlayout( new BorderLayout() );
    text = new JTextField( "Change the color of this text" );
    upper. add( text, BorderLayout. CENTER );
    middle = new JPanel();
    middle. setBorder( BorderFactory. createTitledBorder("Text color control" ) );
    middle. setLayout( new FlowLayout( FlowLayout. CENTER ) );
    black = new JButton( "Black",new ColorIcon( Color. black ) );
    black. addActionListener( new ButtonListener( Color. black ) );
    middle. add( black );
    red = new JButton( "Red",new ColorIcon( Color. red ) );
    red. addActionListener(new ButtonListener( Color. red ) );
    middle. add( red );
    green = new JButton( "Green",new ColorIcon( Color. green ) );
    green. addActionListener(new ButtonListener( Color. green ) );
    middle. add( green );
    lower = new JPanel();
    lower. setLayout( new FlowLayout( FlowLayout. RIGHT ) );
    disable = new JCheckBox( "Disable changes" );
    disable. addItemListener( new ItemListener() {
    public void itemStateChanged( ItemEvent e ) {
    boolean enabled
    = ( e. getStateChange()
    = = ItemEvent. DESELECTED );
    black. setEnabled( enabled );
```

```
red. setEnabled( enabled );
green. setEnabled( enabled );
}
}
);
lower. add( disable );
Container cp = getContentPane();
cp. add( upper, BorderLayout. NORTH );
cp. add( middle, BorderLayout. CENTER );
cp. add( lower, BorderLayout. SOUTH );
pack();
setVisible( true );
}
class ButtonListener extends ActionListener {
private Color c;
public ButtonListener( Color c ) {
this. c = c;
}
public void actionPerformed( ActionEvent e ) {
text. setForeground( c );
}
}
class ColorIcon implements Icon {
private Color c;
private static final int DIAMETER = 10;
public ColorIcon( Color c ) {
c = c;
}
public void paintIcon( Component cp, Graphics g, int x, int y ) {
g. setColor( c );
g. fillOval( x, y, DIAMETER, DIAMETER );
g. setColor( Color. black );
g. drawOval( x, y, DIAMETER, DIAMETER );
}
public int getIconHeight() {
return DIAMETER;
}
public int getIconWidth() {
return DIAMETER;
}
}
public static void main( String[] args ) {
new java3( "advance" );
}
}
```

< 149 >

第4章　笔试考试试题答案与解析

 第1套　笔试考试试题答案与解析

一、选择题

1．B．【解析】栈是按照"先进后出"或"后进先出"的原则组织数据的，所以出栈顺序是 EDCBA54321。

2．D．【解析】循环队列中元素的个数是由队头指针和队尾指针共同决定的，元素的动态变化也是通过队头指针和队尾指针来反映的。

3．C．【解析】对于长度为 n 的有序线性表，在最坏情况下，二分法查找只需比较 $\log_2 n$ 次，而顺序查找需要比较 n 次。

4．A．【解析】顺序存储方式主要用于线性数据结构，它把逻辑上相邻的数据元素存储在物理上相邻的存储单元里，结点之间的关系由存储单元的邻接关系来体现。链式存储结构的存储空间不一定是连续的。

5．D．【解析】数据流图是从数据传递和加工的角度，来描述数据流从输入到输出的移动变换过程。其中带箭头的线段表示数据流，数据沿箭头方向传递，一般在旁边标注数据流名。

6．B．【解析】在软件开发中，需求分析阶段常使用的工具有数据流图(DFD)、数据字典(DD)、判断树和判断表。

7．A．【解析】对象具有如下特征：标识唯一性、分类性、多态性、封装性和模块独立性。

8．B．【解析】两个实体集间的联系可以有一对一的联系、一对多或多对一联系、多对多联系。由于一个宿舍可以住多个学生，所以它们的联系是一对多联系。

9．C．【解析】数据管理技术的发展经历了 3 个阶段：人工管理阶段、文件系统阶段和数据库系统阶段。人工管理阶段无共享，冗余度大；文件管理阶段共享性差，冗余度大；数据库系统管理阶段共享性大，冗余度小。

10．D．【解析】在实际应用中，最常用的连接是一个叫自然连接的特例。它满足下面的条件：两关系间有公共域；通过公共域的相等值进行连接。通过观察 3 个关系 R、S 和 T 的结果可知，关系 T 是由关系 R 和 S 进行自然连接得到的。

11．D．【解析】本题考查 Java 语言的垃圾回收机制。语法检查是编译器的一项工作，不属于垃圾回收，选项 A 错误；堆栈溢出在解释执行时进行检查，选项 B 错误；跨平台是 Java 语言的一个特点，不属于垃圾回收机制，选项 C 错误；为了充分利用资源，Java 语言提供了一个系统级的线程，用于监控内存，在必要时对不再使用的某些内存进行回收，这就是垃圾回收机制。

12．D．【解析】本题考查类的修饰符。类的默认访问控制策略是不使用保留字来定义类，这会限制其他包中的类访问该类，该类只能被同一个包的类访问和引用，也不能用 import 语句引用，选项 D 正确。protected 保留字不起作用，具有 protected 成员的类的子类可以在包外访问这些被保护的成员。abstract 修饰符修饰的类被称为抽象类，没有具体对象的概念类，不满足题意。private 修饰符修饰的类只能被该类自身访问和修改，而不能被任何其他类获取和引用，不满足题意。可见本题正确答案为选项 D。

13．A．【解析】本题考查 Java 中 JDK 工具。javac 是 Java 的编译命令，能将源代码编译成字节码，以 .class 扩展名存入 Java 工作目录中。Java 是 Java 解释器，执行字节码程序，该程序是类名所指的类，必须是一个完整定义的名字。javadoc 是 Java 文档生成器，对 Java 源文件和包以 XML 格式生成 API 文档。appletviewer 是 Java Applet 浏览器。选项 A 正确。

14．A．【解析】本题考查 Java 标识符的命名，属于考试重点内容，应该掌握。Java 中标识符的命名规则是：标识符以字母、下画线或美元符作为首字符的字符串序列；标识符是区分大小写的；标识符的字符数没有限制。由此可见，Java 中标识符不能以数字开头，所以选项 B 错误；不能以"＊"开头，选项 C 错误；this 是专用标识符，具有专门的意义和用途，选项 D 错误，只有选项 A 是正确答案。

15．D．【解析】本题考查 Java 中的运算符。"＋＋"和"－－"都是一元算术运算符，主要用于自加和自减，在 Java 中不允许对表达式进行这样的运算，选项 B 和选项 C 都是错误的，更不允许对数字进行这样的运算，选项 A 也错误，只有选项 D 正确。

16．A．【解析】本题考查考生对 Java 类的掌握。在 Java 中 java.lang 包封装着所有编程应用的基本类。Object 是所有类的根，它所包含的属性和方法被所有类集成。Class 类是由编译器自动生成对象的一个特殊类，它伴随每个类。选项 C 和选项 D 都是普通类。

17. B。【解析】本题考查 Java 包的概念。Java 采用包来管理类名空间,为编程提供一种命名机制,也是一种可见性限制机制。定义一个包要用 package 关键字,用 package 语句说明一个包时,该包的层次结构必须与文件目录的层次相同。否则,在编译时可能出现查找不到的问题,所以选项 B 正确。

18. D。【解析】本题考查 java.io 包中的字符输入流。Java 的输入输出包括字节流、文件流和对象流等,要注意区分不同流使用的不同类。字符类输入流都是抽象类 InputStreamReader 及其子类 FileReader、BufferedReader 等。选项 A 中 BufferedReader 是把缓冲技术用于字符输入流,提高了字符传送的效率,但它不能处理文件流。选项 B 中 DataInputStream 类是用来处理字节流的,实现了 DataInput 接口,不能处理文件流。选项 C 中 DataOutputStream 类实现了 DataOutput 接口,不能处理文件流。选项 D 中 FileInputStream 可对一个磁盘文件涉及的数据进行处理,满足题目要求。

19. C。【解析】本题考查 Java 中的构造方法。构造方法在 Java 中占有非常重要的地位,务必掌握。构造方法是类中的一种特殊方法,是为对象初始化操作编写的方法,用来定义对象的初始状态。构造方法不能被程序调用,构造方法必须与类名相同,没有返回值,用户不能直接调用,只能通过 new 自动调用,所以选项 C 正确。

20. C。【解析】本题考查 Java 中的布局管理器。FlowLayout 是 Pane 和 Applet 默认的布局管理器,构件在容器中从上到下、从左到右进行放置,所以选项 C 为正确答案。BorderLayout 是 Window、Frame 和 Dialog 的默认布局管理器,在 Border-Layout 布局管理器中构件分成 5 个区域,每个区域只能放置一个构件。GridLayout 使容器中各个构件呈网状布局,平均占据容器的空间。GardLayout 把容器分成许多层,每层只能放置一个构件。

21. B。【解析】本题考查 Java 中容器类的概念。Container 是一个类,实际上是 Component 的子类,因此容器本身也是一个构件,具有构件的所有性质,另外还具有放置其他构件和容器的功能。构件类(Component)是 Java 的图形用户界面的最基本的组成部分。

22. A。【解析】本题考查 Java 中的条件结构。条件语句根据判定条件的真假来决定执行哪一种操作。题目所给程序,如果 x>0,则直接执行其后的 System. out. println("first")语句,而不执行 elseif 等语句,当 x<=0 而且 x>-3 时执行 System. out. println("second")语句,所以选项 A 正确。当 x 为其他值时执行 else 语句。应该对 Java 的流程控制涉及的语句有所掌握,这些都是考试重点内容。

23. B。【解析】本题考查考生对 Java 中 File 类的理解。文件 File 是 java. io 包中的一个重要的非流类,以一种系统无关的方式表示一个文件对象的属性。通过 File 所提供的方法,可以得到文件或目录的描述信息(包括名字、路径、长度、可读和可写等),也可以生成新文件、目录,修改文件和目录,查询文件属性,重命名文件或者删除文件。File 描述了文件本身的属性,File 类中封装了对文件系统进行操作的功能。简单说,File 类所关心的是文件在磁盘上的存储,而要对文件进行读写,就是流类所关心的文件内容,应该掌握相关概念以及相关方法。

24. C。【解析】本题考查 Reader 类的概念。首先应该明确,Reader 是一个抽象类,字符输入流都是抽象类 Reader 类的子类,它是用来读取字符文件的类。字符输出流都是 Writer 抽象类的子类。

25. D。【解析】本题考查 ZipInputStream 类的基本概念。压缩文件输入流都是 InflateInputStream 的子类,是以字节压缩为特征的过滤流。主要有三类,应该有所了解。ZipInputStream 类在 java. util. zip 包中,该类用于输入以 gzip 格式进行压缩的文件,是对输入文件类型的一种过滤。ZipInputStream 类也在 java. util. zip 包中,用于输入 zip 格式的文件,这是对于文件类新格式的一种过滤。JarInputStream 类在 java. util. jar 包中,是 ZipInputStream 的子类,用于输入 jar 文件。

26. B。【解析】共享数据的所有访问一定要作为临界区,用 synchronized 标识,这样保证了所有的对共享数据的操作都通过对象锁的机制进行控制。

27. C。【解析】将 Java 程序中的对象保存在外存中,称为对象永久化,对象永久化的关键是将它的状态以一种串行格式表示出来。

28. B。【解析】此题程序通过调用系统的标准输入流 System. in 的 read()方法,从键盘读入一个字符,由于 read()方法的返回值是 int 类型,而变量 ch 是字符类型,不能直接转换,因此需要进行强制类型转换,应该填入的正确语句是 ch=(char) System. In. read()。

29. D。【解析】本题考查 Java 组件中容器的基本知识。选项 A 错误,Panel 类派生自容器类 Container,属于容器的一种;选项 B 错误,Window 类也派生自容器类 Container,也属于容器的一种;选项 C 错误,Frame 类派生自 Window 类,也是一种容器;选项 D 正确,Lable 组件是标签组件,不属于容器。

30. A。【解析】视口(JViewPott)类的对象是一种特殊的对象,主要用于查看构件,滚动条就是跟踪移动视口,并且同时在容器中显示其查看的内容的。

31. A。【解析】Java中所有的AWT事件类是由Java. awt. AWTEvent类派生的。而Java中的事件类是继承自java. util. Event类,java. awt. AWTEvent是java. util. Event的子类。

32. D。【解析】本题考查关于Swing组件注册监听器方法的基本知识。选项A错误,addKeyListener()可为所有组件添加KeyL istener监听器;选项B错误,addMouseListener()可为所有组件添加MouseListener监听器;选项C错误,addMouse-MotionListener()可为所有组件添加MouseMotionListener监听器;选项D正确,addAdjustmentListener()可为JScrollBar组件添加AdjustmentListener接口,但是并不适用于所有Swing组件。

33. C。【解析】该题考查对容器布局策略的理解。边界布局管理器BorderLayout将容器按上北下南左西右东划分为东、南、西、北、中5部分,分别用英文单词East,South,North,West,Center来表示。其中,东、西、南、北4个方向的组件宽度为恰好能够包容组件的内容,而长度为延伸到该容器边界的长度;而对于中间的组件,它会扩充到除四边以外的整个容器区域。本题的具体情况是:文本框将会出现在applet的顶上,长度为整个applet的宽度;按钮将会出现在applet的正中央,覆盖除文本框外的所有空间。

34. B。【解析】Applet的运行过程要经历4个步骤:①浏览器加载指定URL中的HTML文件;②浏览器解析HTML文件;③浏览器加载HTML文件中指定的Applet类;④浏览器中的Java运行环境运行该Applet;由此可知B选项中内容不是其步骤之一。

35. C。【解析】Java语言的RMI包括:rmic,rmiregistry,rmid,serialver。其中,命令rmid用于激活系统守候进程,以便能够在Java虚拟机上注册和激活对象。

二、填空题

1. DBXEAYFZC【解析】中序遍历的方法是:先遍历左子树,然后访问根结点,最后遍历右子树;并且,在遍历左、右子树时,仍然先遍历左子树,然后访问根结点,最后遍历右子树。所以中序遍历的结果是DBXEAYFZC。

2. 单元【解析】软件测试过程分4个步骤,即单元测试、集成测试、验收测试和系统测试。所以集成测试在单元测试之后。

3. 过程【解析】软件工程包括3个要素:方法、工具和过程。方法是完成软件工程项目的技术手段;工具支持软件的开发、管理、文档生成;过程支持软件开发的各个环节的控制管理。

4. 逻辑设计【解析】数据库设计目前一般采用生命周期法,即将整个数据库应用系统的开发分解成目标独立的若干阶段,即需求分析阶段、概念设计阶段、逻辑设计阶段、物理设计阶段、编码阶段、测试阶段、运行阶段和进一步修改阶段。在数据库设计中采用前4个阶段。

5. 分量【解析】元组分量的原子性是指二维表中元组的分量是不可分割的基本数据项。

6. 并发【解析】本题考查Java语言的特点。Java语言的开发运行环境都是互联网,在这种分布式的环境中,并发和共享是很常见的事务,要能并行地处理很多事务,就要求Java语言提供一种可靠和高效的机制,来满足高并发事务处理的需求。多线程很好地解决了网络上的瓶颈问题及大量的网络访问问题。

7. abstract class MyFrame extends Frame【解析】本题考查考生对类声明的理解。类声明的格式为:[修饰符]class 类名[extends 父类名][implements 类实现的接口列表],其中[]括起来的内容为可选项。关键字class是类定义的开始,类名应符合标识符命名规则。关键字extends指明该类是子类,它的父类名紧跟其后,子类与父类之间有继承关系。关键字implements指明该类实现的接口,后跟接口名列表。考生应注意掌握类声明的概念,虽然很简单,但容易漏掉有关修饰符。题目要求声明不能被实例化的类,因此应该是一个抽象类,用abstract作为修饰符。

8. a=12.34或12.34【解析】本题考查基本类型的类包装。Float类的valueOf()函数的原型是:staticFloatvalueOf(Strings),它是一种静态方法,将字符串的内容提取出来转换为Float对象。而floatValue()函数的原型是:float floatValue(),它返回Float对象的浮点值。本题中,先将字符串"12.34"转换为Float对象,然后再提取该对象的浮点型值,赋给a。

9. 垃圾收集【解析】本题考查Java的垃圾收集机制。Java语言中内存的分配和释放工作由自己完成,程序员不必做这些工作,它提供一个系统级的线程,跟踪每个内存的分配,在JVM的空闲处理中,垃圾收集线程将检查和释放不再使用的内存(即可以被释放的内存)。垃圾收集的过程在Java程序的生存期中是自动的,不需要分配和释放内存,也避免了内存泄漏。

10. 接口【解析】本题考查接口的概念。接口是一种只含有抽象方法或常量的特殊的抽象类,主要功能有:通过接口可实现互不相关的类具有相同的行为;通过接口可以说明多个类所需实现的方法;通过接口可以了解对象的交互界面,无需了解对象所对应的类。通过接口可以为没有任何关系的两个或多个类之间提供相同的行为方式。

11. boolean IsDirectory()【解析】本题考查考生对文件类中提供的一些基本函数的掌握和应用能力。IsDirectory()方法是检测本 File 对象所代表的是不是一个目录。如果存在并且是一个目录则返回 true;否则为 false。

12.1【解析】本题考查条件运算符"?"的用法。该运算符是三元运算符,一般形式为:表达式? 语句1:语句2,其中,表达式的值为一个布尔值,如果这个值为 true,就执行语句1,否则执行语句2。此外语句1和语句2需要返回相同的数据类型,而且该类型不能是 void。本题中 sum==0 成立,故值为1。

13. d=(Date) s.readObject()【解析】本题考查对象流的读取。对象输入流 ObjectInputStream 的对象 s 是以一个文件输入流为基础构造的。程序中使用 ObjectInputStream 的 readObject()方法从对象流 s 中读取 Date 类型的对象。读该对象时要按照它们写入的顺序读取,因为 readObject()返回的是 Object 类型的对象,所以程序中使用了强制类型转化,将所读取对象的类型转换为 Date 类型。

14. Serializable【解析】本题考查串行化的概念。一个类只有实现了 Serializable 接口,它的对象才是可串行化的。因此如果要串行化某些类的对象,这些类就必须实现 Serializable 接口。实际上,Serializable 是一个空接口,它的目的只是简单地标识一个类的对象可以被串行化。

15. fr.setVisible(true)【解析】本题考查容器的概念。题目所给程序段的容器是一个窗口,窗口中并没有放置其他构件,由于默认为不可见,因此需要调用 setVisible(true)将窗口设置为可见。需要注意题目程序只是生成一个窗口,但是并不能响应用户的操作,即使是单击窗口右上角的"关闭"按钮,也不能关闭窗口。

 第2套　笔试考试试题答案与解析

一、选择题

1. D。【解析】在各种排序方法中,快速排序法和堆排序法的平均速度是最快的,因为它们的时间复杂度都是 $O(n\log_2 n)$,其他的排序算法的时间复杂度大都是 $O(n^2)$。

2. D。【解析】软件需求分析中需要构造一个完全的系统逻辑模型,理解用户提出的每一功能与性能要求,使用户明确自己的任务。因此,需求分析应确定用户对软件的功能需求和非功能需求。

3. C。【解析】数据模型所描述的内容包括三个部分,它们是数据结构、数据操作和数据约束。其中,数据结构主要描述数据的类型、内容、性质及数据库的联系等;数据操作主要是描述在相应数据结构上的操作类型与操作方式;数据约束主要描述数据结构内数据间的语法和语义联系,它们之间的制约与依存关系,以及数据的动态变化的规则,以保证数据的正确、有效与相容。

4. D。【解析】线性表特点是逻辑上相邻的元素在物理位置上也相邻。数据元素之间逻辑上的先后关系自动隐含在物理位置的相邻元素之中,因此不需要另外开辟空间来保存元素之间的关系。

5. B。【解析】二叉树的前序遍历是指,先访问根结点,再访问左子树,最后访问右子树。并且在访问左右子树时,也是先访问其根结点,再访问左子树。

6. A。【解析】白盒测试是把测试对象看做一个打开的盒子,允许测试人员利用程序内部的逻辑结构及相关信息来设计或选择测试用例,对程序所有的逻辑路径进行测试。

7. B。【解析】关系数据库管理系统的专门关系运算包括选择运算、投影运算和连接运算。

8. B。【解析】将 E-R 图转换成指定 DBMS 中的关系模式是数据库逻辑设计的主要工作。从 E-R 图到关系模式的转换是比较直接的,实体和联系都可以表示成关系。

9. A。【解析】整个数组的数据类型为 A(Array),而各个数组元素可以分别存放不同类型的数据。在使用数组和数组元素时,应注意如下问题。在任何能使用简单内存变量的地方都可以使用数组元素。在同一个环境下,数组名不能与简单变量名重复。可以用一维数组的形式访问二维数组。

10. C。【解析】模块之间的耦合程度反映了模块的独立性,也反映了系统分解后的复杂程度。按照耦合程度从弱到强,可以将其分成7级,分别是非直接耦合、数据耦合、标记耦合、控制耦合、外部耦合、公共耦合和内容耦合。其中没有异构耦合这种方式。

11. B。【解析】本题考查 Java 语言的虚拟机。Java 语言的执行模式是半编译半解释型。Java 编写好的程序首先由编译器转换为标准字节代码,然后由 Java 虚拟机去解释执行。字节代码是一种二进制文件,但不能直接在操作系统上运行,可看做虚拟机的机器码。虚拟机把字节码程序与各操作系统和硬件分开,使 Java 程序独立于平台。Java 中的虚拟机是非常重要的概念,是Java语言的基础,掌握后有助于理解Java语言的实现。

12. A.【解析】本题考查考生对Java语言概念的理解。这些属于考试重点内容。Java语言和C语言不同,它是区分大小写的,选项A正确。Java程序的源文件扩展名为.class,.jar文件是由归档工具jar生成的。源文件中的public类的数目只能有0个或1个,用来指定应用程序类名,也是源文件名。

13. A.【解析】本题考查Java标识符的命名规则,是考试的重点内容。Java中标识符的命名规则是标识符以字母、下画线或美元符作为首字符的字符串序列;标识符是区分大小写的;标识符的字符数没有限制。由此可见,Java中标识符不能以数字开头,所以选项B错误,不能以"+"开头,选项C错误,不能以"一"开头,选项D错误,只有选项A是正确答案。

14. A.【解析】本题考查Java转义符的概念。在Java中用反斜杠(\)开头,\n表示换行,所以选项A正确。\f表示走纸换页,\ddd表示1~3位的八进制数据ddd所代表的字符。

15. D.【解析】本题考查Java中包的概念。Java中用import语句来导入包,但需注意的是,Java语言中的java.lang包是由编译器直接自动导入的,因此,编程时使用该包中的类,可省去import导入。使用其他包中的类,必须用import导入,选项D为正确答案。

16. A.【解析】本题考查Java运算符的概念。程序涉及的数据处理,都是通过运算符和表达式来操作,是程序设计的基础,因此务必掌握。按照操作数的数目划分,运算符可以分为一元运算符:++,一一,+,一;二元运算符:+,一,>;三元运算符:?:。所以本题正确答案是选项A。简单地说,就是有几个操作数就是几元运算符;反过来,是几元运算符就有几个操作数。

17. A.【解析】本题考查考生对switch(expression)语句的理解。表达式expression只能返回int、byte、short和char,题目中的double是不正确的。同时还要注意,多分支结构中,case子句的值必须是常量,而且所有case子句中的值应是不同的,default子句是任选的。

18. D.【解析】本题考查继承的概念。继承性是面向对象方法的一个重要基本特征,它使代码可重用,可降低程序的复杂性。对一个类的继承也就是构建了一个子类,子类继承了父类的方法和状态,同时还可以向新类中增添新的方法和状态。重点掌握两点:子类方法的访问权限比父类的访问权限高,因此父类不能替代子类,但子类能够代替父类,选项A和选项B说法正确;子类方法不能产生比父类更多的异常。选项D为正确答案。

19. D.【解析】本题考查Java中数组的概念。对于数组的掌握,不能仅仅停留在概念上,更多的是能将所学的知识灵活运用。int[]a=new int[100]定义了一个数组a,含有100个整型元素。在Java中,数组元素的下标是从0开始的,因此上面定义的数组实际上下标是0~99,所以选项D错误。

20. A.【解析】本题考查文件类提供的方法。mkdir()是为目录操作提供的方法,用来创建目录;mkdirs()也是为目录操作提供的方法,创建包含父目录的目录;list()是对文件名操作提供的方法,返回一个字符串数组,为该文件所在目录下的所有文件名列表;listRoots是为目录提供的方法,返回根目录结构。由此可见,只有选项A满足题目要求。

21. A.【解析】程序是由if—else语句构成的流程,分析判断条件,变量i和j比较,得到条件表达式的值为true,然后执行i—1,现在变量i的值为12,而j的值为10;由于条件表达式为true,则执行i++,因此i的值为13,并跳过else子句块,循环控制语句执行完毕,这时变量i和i的值分别为13和10。

22. C.【解析】此题考查的是do—while循环和"一一"操作符的知识。do—while最少执行一次,在执行完do中的内容后,判断while中的条件是否为true。如果为true,就再执行do中的内容,然后进行判断。以此类推,直到while的判断为false时退出循环,执行循环后面的内容。而"一一"操作符的规则是,变量右边的"一"将先进行运算,然后才使变量的值减一。而在变量左边的"一一",则先将变量的值减1再运算。本程序中i的值为10,当程序运行到do—while循环时,程序先执行一次循环,然后判断,因此选C。

23. C.【解析】此题是典型的考题。题中x=0,则!x永远为真,对于条件表达式!x&&y<=5只考虑y<=5,由于每次循环y都增加1,而且y从0开始到5。所以可知总共循环了6次。

24. D.【解析】异常是在程序编译或者运行时所发生的可预料或者不可预料的异常事件,它会引起程序的中断,影响程序的正常运行。

25. B.【解析】线程为一个程序中的单个执行流;进程是程序的一次动态执行过程,它对应了从代码加载、执行到执行完毕的一个完整过程,这个过程也是进程本身从产生、发展到消亡的过程。一个JavaApplication运行后,在系统中应该就是一个进程了(动态)。

26. A.【解析】Thread类的其他方法有setName()、getName()、activeCount()和setDaemon()等。其中,用于修改线程

名字的方法是 setName()。

27.C【解析】线程组是由 java.lang 包中的 ThreadGroup 类实现的。在创建线程时可以显式地指定线程组,此时需要从如下三种线程构造方法中选择一种:

public Thread(ThreadGroup group,Runnable target);

public Thread(ThreadGroup group,String name);

public Thread(ThreadGroup group,Runnable target,String name)。

28.A.【解析】Java 语言中一个类只有实现 Serializable 接口,它的对象才是可串行化的。

29.A.【解析】本题主要考查集合类的特点。选项 A 正确,集合类是用来存放某类对象的。集合类有一个共同特点,就是它们只容纳对象。如果集合类中想使用简单数据类型,又想利用集合类的灵活性,可以把简单数据类型变成该数据类型类的对象,然后放入集合中处理,这表示集合类不能容纳基本数据类型,所以 IV 是不正确的;选项 B 错误,集合只容纳对象;选项 C 错误,该选项少选了 II;选项 D 错误,错误原因同选项 B。

30.C.【解析】本题考查对 Java 组件容器中添加容器的基本知识。选项 A 错误,Panel 组件是容器,可以添加到 Frame 窗口;选项 B 错误,CheckBox 组件是复选框组件,可以添加到 Frame 窗口;选项 C 正确,Dialog 继承自 Windows 类,Windows 类型(或子类)的对象不能包含在其他容器中;选项 D 错误,Choice 组件是选择框组件,可以添加到 Frame 窗口。

31.C.【解析】本题考查在 Java 中静态变量(类变量)的用法。在题目程序段中生成了一个 static int y=6 类变量,在 ClassA 中调用的 b.go(10),只不过是在 ClassB 中的一个局部变量,通过调用 ClassB 中的 go 方法可以生成一个 ClassA 对象,并给这个新生成的对象赋以 ClassA 中的类变量 y 的值。从 main()方法作为入口执行程序,首先生成一个 ClassB 的对象,然后 b.go(10)会调用 ClassA,会给 x 和 y 赋值,x=a.y 后,x 值为 6,再返回去执行 System.out.println("x="+b.x)语句,输出为 x=6,可见,正确答案为选项 C。

32.B.【解析】本题考查构造方法及构造方法重载。Test 类有两个构造方法,即使用了方法重载技术。不带参数的构造方法对类的实例变量进行特定数值的赋值,而带参数的构造方法根据参数对类的实例变量进行赋值。TestObj1=newTest(12,45)语句调用的是 Test(intx,inty),而 TestObj2 = newTest()调用的是 Test(),注意根据参数个数来区分。

33.A.【解析】本题考查考生对 Java 中的匹配器(Matcher)类的理解。Matcher 类用于将一个输入字符串 input 和模式串 pattern 相比较。Boolean matcher.find()方法用于寻找下一个模式匹配串;int matcher.start()方法用于返回匹配串的一个起始索引整数值;int matcher.end()方法用于返回匹配串的一个终止索引整数值。而用于输入字符串与模式串比较的方法是 static boolean matches(),选项 A 正确。

34.A.【解析】本题考查对象加锁的相关概念。对于对象加锁的使用有些注意事项。对象的锁在某些情况下可以由持有线程返回,比如当 synchronized 语句块执行完成后;当在 synchronized 语句块中出现异常;当持有锁的线程调用该对象的 wait()方法,由此可见选项 D 说法错误。共享数据的所有访问都必须作为临界区,使用 synchronized 进行加锁控制,选项 A 说法正确。用 synchronized 保护的共享数据必须是私有的,选项 B 说法错误。Java 中对象加锁具有可重入性,选项 C 错误。

35.C.【解析】本题考查对 Java 常用的各种包所包含的一些类的基本功能的理解。java.awt 包是抽象窗口工具包,里面包括各种容器、组件、窗口布局管理器以及一些常用的类如 Color、Font 等,选项 A 满足题意。而 java.applet 包里面包括了小程序执行时必须要重载的一个类 Applet,也就只有这一个类,选项 D 错误。java.io 包主要是提供一些输入/输出类的,选项 B 不满足题意。java.awt.event 包就包含了一些能够对事件做出响应和处理的一些标准类,选项 C 不满足题意。

二、填空题

1.集合【解析】在关系数据库中,把数据表示成二维表,每一个二维表称为关系,因此关系其实是数据的集合,对关系的操作其实就是对数据组成的集合之间的操作。

2.线性结构【解析】数据的逻辑结构分为线性结构和非线性结构。常见的线性结构有线性表、栈和队列等,常见的非线性结构有树、二叉树等。

3.可重用性【解析】继承是实现代码重用的重要机制。使用继承可以不需要从头开始创建新类,可以在现有的基础上添加新的方法和属性,节约时间和精力,大大提高效率。

4.封装性【解析】对象具有5个特点:标识唯一性、分类性、多态性、封装性和模块独立性。其中,封装性是指从外面看只能看到对象的外部特征,对象的内部特征即处理能力的实行和内部状态,对外是不可见的,对象的内部状态只能由其自身改变。

5.31【解析】设队列容量为 m,rear>front,则队列中元素个数为 rear-front;rear<front,则队列中元素个数为 m+(rear

—front)。本题 rear＜front,则 m＝32＋(2－3)＝31。

6.传值【解析】本题考查 Java 中方法的参数传递。Java 中的方法的参数传递是传值调用,而不是地址调用,方法不能改变参数值,但可以改变变量值,两个对象之间的参数字段不能相互交换。

7.import【解析】本题考查包的导入和使用。首先用 package 语句说明一个包,该包的层次结构必须与文件目录的层次相同,否则,在编译时可能出现找不到包的问题。Java 语言中 java.lang 包是编译器自动导入,其他包中的类必须用 import 导入。

8.0【解析】本题考查 Java 中数组的定义和初始化。在该方法里定义并动态初始化了一个整型数组 anar,由于没有赋初值,系统默认的初始值是数组中的每个元素都为零。所以输出数组中的第一个元素 anar[0]时,自然也是等于零。

9.虚拟的 CPU【解析】本题考查线程的概念。一个具体的线程是由虚拟的 CPU、代码和数据组成的。其中代码与数据构成了线程体,线程的行为由线程体决定。虚拟的 CPU 是在创建线程时自动封装进 Thread 类的实例中。

10.yield()【解析】本题考查线程阻塞的概念。yield()方法使得线程放弃当前分得的 CPU 时间,但是不使线程阻塞,即线程仍处于可执行状态,随时可能再次分得 CPU 时间。调用 yield()的效果等价于调度程序认为该线程已执行了足够的时间从而转到另一个线程。

11.抛出异常。本题考查 Java 中异常的概念。异常类在 Java 程序中是一种比较特殊的类,在使用之前必须先定义,按异常处理的不同可分为运行异常、捕获异常、声明异常和抛出异常几种。

12.2*n＋1。本题考查 do－while 循环的用法。题目中没有给出累加次数,故不能使用 for 循环,在 do 循环中,由累加项 term 的值作为退出循环的条件。根据题目要求,应该填写 2*n＋1。本题的关键是 while(term＞＝0.00001)语句,题目要求计算直至 1/(2N＋1)小于 0.00001,所以 term＝1/(2N＋1),因此 n＝2*n＋1。

13.MenuItem mi＝new MenuItem("选项");。本题考查 MenuItem 的概念和应用。MenuItem 是菜单树中的"叶子结点",通常被添加到一个 Menu 中,对于 MenuItem 对象可以添加到 ActionListener,使其能够完成相应的操作。

14.容器。本题考查容器的概念。容器指所有由 Container 派生的类,可以包含由 Component 派生的任何类的对象,如 Window 类和 Panel 类都由容器类 Container 直接派生而来;Frame 继承自 Window 类;Panel 类派生了 Applet 类。其他容器还有面板 Panel、滚动条 ScrollPane 和选项面板 OptionPane。

15.b2.addActionListener(this);。本题考查动作事件及响应的概念。在 ChangeTitle()中将接收器添加到 JButton 对象,但从程序段中可知程序只给 b1 添加了接收器,没有给 b2 添加接收器。actionPerformed(ActionEvent evt)中对来自两个 JButton 对象的动作事件做出响应,evt 对象的 getSource()方法决定了事件的来源。如果它等于 b1 按钮,则标题设置为 Students;如果它等于 b2,则标题设置为 Teachers。需要调用 repaint(),这样当可能出现的标题改动后,可以重新绘制。

 ## 第3套　笔试考试试题答案与解析

一、选择题

1.B。【解析】根据栈先进后出的特点可知 e1 肯定是最后出栈的,因此正确答案为选项 B。

2.A。【解析】数据库系统会减少数据冗余,但不可能避免所有冗余。

3.A。【解析】数据流图简称 DFD,它以图形的方式描绘数据在系统中流动和处理的过程,由于它只反映系统必须完成的逻辑功能,所以它是一种功能模型。数据流图有4种基本图形符号:箭头表示数据流;椭圆表示加工;双杠表示存储文件(数据源);方框表示数据的源点或终点。

4.B。【解析】根据二分法查找需要两次:首先将90与表中间的元素50进行比较,由于90大于50,所以在线性表的后半部分查找;第二次比较的元素是后半部分的中间元素,即90,这时两者相等,即查找成功。

5.B。【解析】对二叉树的后序遍历是指:先访问左子树,然后访问右子树,最后访问根结点,并且在访问其左、右子树时先访问其左、右子树,最后访问根结点。

6.C。【解析】在数据库中移除不代表删除,从项目中移除是指文件只是从项目中移除,但文件还保存在磁盘中,如果需要仍然可再次添加到此项目中。当在项目中删除文件后,文件才能被添加到其他的项目中。所以答案选择 C。

7.D。【解析】需求分析是软件定义时期的最后一个阶段,它的基本任务就是详细调查现实世界要处理的对象,充分了解原系统的工作概况,明确用户的各种需求,然后在这些基础上确定新系统的功能。

8.B。【解析】关系的交(∩)、并(∪)和差(－)运算要求两个关系是同元的,显然作为二元的 R 和三元 S 只能做笛卡儿积运算。

9.C。【解析】结构化分析方法是面向数据流进行需求分析的方法,采用自顶向下、逐层分解、建立系统的处理流程。

10.A。【解析】数据库设计包括概念设计和逻辑设计两个方面的内容。

11.B。【解析】本题考查 Java 中的 import 语句。Java 中使用 import 语句来导入已定义好的类或包,需要注意 Java 语言的 java.lang 包是编译器自动导入的,编程时如果使用该包中的类,可省去 import 导入,如果要使用其他包中的类,必须用 import 导入。

12.A。【解析】本题考查 Java 的基本概念。Java 的基本概念是考试重点,应该重视。在 Java 中,声明变量时,必须指定类型,否则将会出错,所以选项 A 说法正确。Java 标识符是区分大小写的,变量 number 和 Number 对 Java 来说是不同的,选项 B 说法错误。Java 中有三种注释方式:文档注释/ * * … */,被 javadoc 处理,可以建立类的一个外部说明性文件;C 语言注释风格/ * … */,用于去掉当前不再使用但仍想保留的代码等;单行注释//,格式上要求注释符//后必须紧跟一个空格,然后才是注释信息,选项 C 说法错误。源文件中 public 类可以有 0 个或 1 个,不能多于 1 个,选项 D 说法错误。

13.D。【解析】本题考查 Java 语言中的整型常量。整型常量有三种书写格式:十进制整数,如 156,−230,345;八进制整数,以 0 开头,如 012 表示十进制的 10;十六进制整数,以 0x 或 0X 开头,如 0X123 表示十进制数 291。由此可见,选项 A 表示的是十六进制整数,选项 B 不是整数形式,选项 C 是十进制整数,选项 D 是八进制整数,为本题正确选项。Java 中标识符的命名规则是:标识符以字母、下画线、美元符作为首字符的字符串序列;标识符是区分大小写的;标识符的字符数没有限制。由此可见,Java 中标识符不能以""开头,所以选项 A 错误,不能以"&"开头,选项 B 错误,不能以"+"开头,选项 C 错误,只有选项 D 是正确答案。

14.D。【解析】本题考查 Java 语言中的整型常量。整型常量有三种书写格式:十进制整数,如 123,−30,365;八进制整数,以 0 开头,如 011 表示十进制的 9;十六进制整数:以 0x 或 0X 开头,如 0X123 表示十进制数 291。由此可见,选项 D 表示的是十六进制整数,选项 C 不是整数形式,选项 B 是十进制整数,选项 A 是八进制整数,只有选项 D 为本题正确选项。

15.D。【解析】本题考查考生对 Java 包功能的理解。选项 A 中 java.applet 包是为 Applet 提供执行需要的所有类,主要访问 Applet 内容的通信类;选项 B 中 transaction 包是属于 javax 而不是 java,javax.transaction 包是提供事务处理所需要的包;选项 C 中 java.util 包提供使用程序类和集合类,如系统特性定义和使用、日期函数类、集合 Collection、Map、List、Array 等常用工具类;java.awt 包是封装抽象窗口工具包,提供构建和管理用户图形界面功能,为本题正确答案。

16.B。【解析】该题考查对基本数据类型的长度范围的掌握。在 Java 语言中,每一种基本类型的长度范围是固定的,它不随着机器字长的改变而改变。对于整型(int),它的长度是 4 字节,而且它可正可负,所以其取值范围应该是 $-2^{31} \sim 2^{31}-1$。

17.C。【解析】Long 类型的默认值为 0L,而不是 0.0L。

18.C。【解析】Java 语言中,所有的简单数据类型都被包含在包 java.lang 中。

19.B。【解析】本题具体考查对位运算符中无符号右移运算符的掌握。无符号右移运算符">>>"用于将一个数的各二进制位全部无符号右移若干位,与运算符">>"不同的是左补 0。在本题中,8 的二进制表示 1000,右移两位后变成了 0010,对应的十进制数是 2。

20.D。【解析】本题考查对字符串数组变量声明的掌握。在 Java 语言中,type arrayName[]和 type[]arrayName 的效果一样,都表示声明一个数组。所以选项 A 和选项 B 的效果是一样的,对于本题来说都是不正确的,因为它们没有指明数组所包含的元素的个数;选项 C 是一个二维的字符数组,Java 语言跟 C 语言不一样,在 C 语言中,一个二维的字符数组就可以表示一个一维的字符串数组。而在 Java 中,字符 char 是基本数据类型,字符串 string 则是以对象的形式来表示的。所以,char a[][]并不等价于 string a[]。而且,C 选项并没有指明数组的长度;选项 D 正确地声明了一个长度为 50 的空字符串数组。

21.B。【解析】这是一道考查数组引用的题,目的是考查如何在程序中引用初始化后的数组。引用的方式为 arrayName[index],其中 index 为数组的下标,可以为整数、变量和表达式,范围从 0 开始,一直到数组的长度减 1。在 Java 语言中,是要对数组下标进行检查的。因此,当程序运行到数组的长度值时,就发生了越界现象。

22.B。【解析】本题是考查对 if—else 分支结构和几个标准函数的理解。pow(x,y)方法是 x 的 y 次幂,程序中 pow(x,2)满足第 1 个 if 语句和第 3 个 if 语句,条件变量 y 将被赋值两次,但对于同一个变量来说,只能存储最后一个所赋的值。

23.D。【解析】Java 语言中 Throwable 类分为 Error 和 Exception 两个子类。自定义的异常类是从 Exception 及其子集类继承的。

24.B。【解析】本题考查对 while 循环及逻辑表达式的理解。循环控制表达式为赋值表达式 t=1,永远为 1(为真)。

25.B。【解析】该题考查对 for 循环的理解。①当 j＝10 时,满足条件 j＞3,由于 for 循环中 j－－执行了 1 次,j 的值为 9,执行 if 语句,j%3＝0 不满足条件,继续向下执行 2 次－－j,j 的值为 7;②当 j＝7 时,满足条件 j＞3,由于 for 循环中 j－－执行了 1 次,j 的值为 6,执行 if 语句,i%3＝0 不满足条件,继续向下执行 2 次－－j,j 的值为 4。

26.C。【解析】本题考查 Applet 的概念。Java 虚拟机为 Applet 提供能够良好运行的沙箱,一旦它们试图离开沙箱则会被禁止。由于 Applet 是通过网络传递的,这就不可避免地使人想到会发生安全问题。例如,有人编写恶意程序通过小应用程序读取用户密码并散播到网络上,这将会是一件非常可怕的事情。所以,必须对小应用程序进行限制。浏览器禁止 Applet 运行任何本地可运行程序,选项 A 错误。禁止加载本地库或方法,Applet 只能使用自身的代码或 Applet 浏览器提供的 JavaAPI,不允许装载动态连接库和调用任何本地方法,选项 C 正确。禁止读/写本地计算机的文件系统,选项 B 错误。禁止与没有提供 Applet 的任何主机建立网络连接,如果 Applet 试图打开一个 socket 进行网络通信,所连接的主机必须是提供 Applet 的主机,选项 D 错误。

27.D。【解析】本题考查 Applet 生命周期的概念。Applet 生命周期是考试重点考查内容,应该加以重视。init() 在 Applet 下载时调用,而不是下载前调用,选项 A 错误。start() 在初始化之后以及在 Applet 被重新访问时调用,不仅仅只是在初始化之后调用,选项 B 错误。stop() 在停止执行时调用,关闭浏览器时调用的是 destroy(),选项 C 错误。destroy() 在关闭加载 Applet 的浏览器从系统中撤出时调用,此时 Applet 必然调用 stop() 方法停止其运行,然后才能调用 destroy() 方法从内存卸载并释放该 Applet 的所有资源。注意理解 Applet 的执行过程。

28.D。【解析】本题考查线程的创建。通过 new 命令创建一个线程对象后,该线程对象就处于创建状态,上面的语句只是创建了一个空的线程对象,选项 C 说法正确。此时,系统并没有为该线程对象分配资源,选项 A 说法正确。处于这种状态的线程,只能启动或者终止,选项 B 说法正确。该线程此时并不能调用其他方法,如果调用其他方法就会失败并引起非法状态处理,选项 D 说法错误。

29.B。【解析】本题考查线程的调度。Java 的线程调度策略是一种基于优先级的抢占式调度,选项 B 正确。Java 这种抢占式调度可能是分时的,即每个等待池中的线程轮流执行,也可以不是,即线程逐个运行,具体采用哪种方式,由具体 JVM 而定。线程一般通过使用 sleep() 等方法保证给其他线程运行时间。

30.D。【解析】本题考查线程和进程的概念。线程与进程在概念上是相关的,进程由代码、数据、内核状态和一组寄存器组成,而线程是由表示程序运行状态的寄存器,如程序计数器、栈指针以及堆栈组成,线程不包括进程地址空间中的代码和数据,线程是计算过程在某一时刻的状态。进程是一个内核级的实体,进程结构的所有成分都在内核空间中,一个用户程序不能直接访问这些数据。线程是一个用户级的实体,线程结构驻留在用户空间中,能够被普通的用户级方法直接访问。

31.C。【解析】本题考查对成员变量的声明。成员变量的声明格式为:修饰符 type 变量名;其中 type 可以是 java 语言中的任意数据类型,而修饰符可以是 public、protected、private、static、final、transient、volatile 等。选项 A 错误,成员变量不能同时声明成 public 和 protected。选项 B 是类的声明格式,并不是成员变量的声明。成员变量声明应以 ";" 结尾,选项 D 错误。选项 C 声明了一个私有的 double 型成员变量,为正确答案。

32.B。【解析】start() 方法就可以启动该线程,线程也就处于可运行状态 Runnable。Start() 方法产生了线程运行需要的系统资源,并调用线程体,也就是 run() 方法,使得线程可以进入运行状态。程序运行时首先创建一个新的线程对象 t,并调用 displayOutput(Strings) 方法输出 t has been created。t.start() 方法调用 run() 方法,输出 t is running,所以正确答案为选项 B。

33.C。【解析】本题考查异常的概念。首先应该掌握题目选项中给出的都是什么类型的异常。选项 A 是当访问数组中非法元素时引发,出现数组负下标异常。选项 B 是格式化数字异常。选项 C 是算术异常,如程序触发分母为 0,或用 0 取模时出现。选项 D 是文件已结束异常。当 Java 执行这个算术表达式的时候,由于求模运算的分母是 a－b－d＝0,就会构造一个 ArithmeticException 的异常对象来使程序停下来并处理这个错误的情况,在运行时抛出这个异常。默认的处理器打印出 Exception 的相关信息和发生异常的地点。

34.C。【解析】本题考查关系运算符＜和＝＝。题目中 a＝(3＜5);比较 3 和 5 的大小,因为 3＜5,返回 true 给 a;b＝(a＝＝true);判断 a 是否为真,因为 a 确实为真,返回 true 给 b;c＝(b＝＝false);判断 b 是否为假,因为 b 不为假,返回 false 给 c。最后结果 a＝true,b＝true,b＝true,c＝false,选项 C 正确。

35.B。【解析】本题考查 for 循环和 if 语句的嵌套以及 break 语句和 continue 语句的用法。第 1 个 if 语句的意义为:当 b＞＝10 时退出 for 循环,第 2 个 if 语句的意义为:如果 b%2＝1,则 b 的值加 2 并退出本次循环。本程序当 b 的值分别为 1、3、5、7 和 9 的时候执行 5 次循环,此时 a＝5,b＝9,当执行第 6 次循环时,a 的值为 6,但 b＝11,所以退出循环,程序结束。

二、填空题

1.格式化模型【解析】数据模型分为格式化模型与非格式化模型,层次模型与网状模型属于格式化模型。

2.交换排序【解析】常用的排序方法有交换排序、插入排序和选择排序三种。交换排序包括冒泡排序和快速排序,插入排序包括简单插入排序和希尔排序,选择排序包括直接选择排序和堆排序。

3.模块【解析】采用模块化原理可以使软件结构清晰,不仅容易设计,也容易阅读和理解。模块化使得软件容易测试和调试,因而有利于提高软件的可靠性,也有利于软件的组织管理。大型程序可由不同的程序员编写不同的模块,还可以进一步分配技术熟练的程序员编写较难的部分。

4.栈顶【解析】栈是限定在表的一端进行插入和删除操作的线性表。在表中,允许插入和删除的一端叫做"栈顶",不允许插入和删除的一端叫做"栈底"。

5.加工【解析】数据流图是从数据传递和加工的角度,来刻画数据流从输入到输出的移动变换过程,其中的每一个加工对应一个处理模块。

6.包【解析】本题考查 Java 中包的概念。将具有相同属性的对象抽象成类,在类中定义对象的各种共同属性和方法,然后对这些对象进行分类并封装成包,包中还可以包含其他的包,从而生成一个树形的类结构层次。

7.12【解析】本题考查 switch－case－break 的用法。每个分支语句后面必须有 break 语句,否则程序向下执行,直到遇到 break 语句或程序结束。所以该题 i＝1 时执行 case1 分支语句,而 case1 分支语句后没有 break 语句,程序继续向下执行 case2 分支语句,case2 语句后有 break 语句,故程序不执行 default 分支语句。

8.BorderLayout【解析】本题考查 Java 中的布局管理器。FlowLayout 是 Pane 和 Applet 默认的布局管理器,构件在容器中从上到下、从左到右进行放置;BorderLayout 是 Window、Frame 和 Dialog 的默认布局管理器,在 BorderLayout 布局管理器中构件分成 5 个区域,每个区域只能放置一个构件;GridLayout 使容器中各个构件呈网状布局,平均占据容器的空间;GardLayout 把容器分成许多层,每层只能放置一个构件。

9. public final int MAX_LENGTH＝100【解析】本题考查 Java 中变量的声明。Java 中定义常值变量使用的是 final 属性,说明该值赋值以后永不改变,所以正确答案为 public final int MAX_LENGTH＝100。

10.11【解析】本题考查位运算符的用法。根据运算符的优先级及结合顺序,题目中的表达式计算顺序为(8|((9&10)-11))。9 的二进制形式为 00001001,10 的二进制形式为 00001010,8 的二进制形式为 00001000,11 的二进制形式为 00001011,故结果为 11。

11.阻塞【解析】本题考查线程的生命周期。线程一旦创建,就开始了它的生命周期。线程的生命周期主要分为:新建状态(new),线程创建后处于该状态;可运行状态(Runnable),新建的线程调用 start()方法,将使线程的状态从 New 转换为 Runnable;运行状态(Running),运行状态使线程占有 CPU 并实际运行的状态;阻塞状态(Blocked),导致该状态的原因很多,注意区别;终止状态(Dead),线程执行结束的状态,没有任何方法可改变它的状态。

12.对象流或对象输出流【解析】本题考查 Java 输入\输出流的概念。FileInputStream 是字节流,BufferedWriter 是字符流,ObjectOutputStream 是对象输出流,既继承了 OutputStream 抽象类,又实现了 ObjectOutput 接口,这是 Java 用接口技术代替双重继承的例子,其构造方法参数是串行化的对象。

13.第一条语句【解析】本题考查考生对 Java 分支语句和跳转语句的理解。分支语句提供了一种控制结构,根据条件值的结果选择执行不同的语句序列,其他与条件值或表达式值不匹配的语句序列则被跳过不执行。Java 语言提供了多分支语句 switch,它根据表达式的值从多个分支中选择一个执行。break 语句最常见的用法是在 switch 语句中,通过 break 语句退出 switch 语句,使程序从整个 switch 语句后面的第一条语句开始执行。在 Java 中还可以用 break 语句退出循环,并从紧跟该循环结构的第一条语句处开始执行。

14. In Situation1【解析】本题考查考生阅读 Java 程序的能力。题目程序看似复杂,但流程非常简单。程序的 public 类是 throwsException,类中定义了 Proc(intsel)方法。程序入口是 main()方法,使用 try－catch－finally 来捕获 ArithmeticException 和 Array IndexOutOfBoundsException 异常,这两个异常是关于算术异常或数组索引超界的异常。执行 Proc(0)时,输出 In Situation0 和 no Exception caught 两条信息;执行 Proc(1)时,输出 In Situation1 和 in Proc finally 两条信息。整个程序并未发生异常。

15. false【解析】本题考查 instanceof 的概念。instanceof 是 Java 的一个二元操作符,是 Java 的保留关键字。它的作用是查看它左边的对象是否为它右边的类的实例,返回 boolean 类型的数据。题目中 r 并非 Thread 的实例,所以返回 false。

第4套　笔试考试试题答案与解析

一、选择题

1. D。【解析】本题考查了栈、队列、循环队列的基本概念,栈的特点是先进后出,队列的特点是先进先出,根据数据结构中各数据元素之间的复杂程度,将数据结构分为线性结构与非线性结构两类。有序线性表既可以采用顺序存储结构,也可以采用链式存储结构。

2. A。【解析】根据栈的定义,栈是一种限定在一端进行插入与删除的线性表。在主函数调用子函数时,主函数会保持当前状态,然后转去执行子函数,把子函数的运行结果返回到主函数,主函数继续向下执行,这种过程符合栈的特点。所以一般采用栈式存储方式。

3. C。【解析】根据二叉树的性质判定,在任意二叉树中,度为0的叶子结点总是比度为2的结点多一个。

4. D。【解析】本题考查排序的比较次数,冒泡排序、简单选择排序和直接插入排序在最坏的情况下比较次数为 $n(n-1)/2$,而堆排序法在最坏的情况下需要比较的次数为 $O(n\log_2 n)$。

5. C。【解析】编译程序和汇编程序属于开发工具,操作系统属于系统软件,而教务管理系统属于应用软件。

6. A。【解析】软件测试的目的是为了发现错误及漏洞而执行程序的过程。软件测试要严格执行测试计划。程序调式通常也称 Debug,对被调试的程序进行“错误”定位是程序调试的必要步骤。

7. B。【解析】耦合是指模块间相互连接的紧密程度,内聚性是指一个模块内部各个元素间彼此之间接合的紧密程序。高内聚、低耦合有利于模块的独立性。

8. A。【解析】数据库设计的目的是设计一个能满足用户要求,性能良好的数据库。所以数据库设计的核心是数据库应用。

9. B。【解析】本题考察关系的运算,一个关系 R 通过投影运算后仍为一个关系 R,R 是由 R 中投影运算所得到的域的列所组成的关系。选择运算主要是对关系 R 中选择出满足逻辑条件的元组所组成的一个新关系,所以题中关系 S 是由 R 投影所得。

10. C。【解析】将 E－R 图转换为关系模式时,实体和联系都可以表示为关系。

11. A。【解析】Java 虚拟机加载代码是在运行前的操作。运行代码时会校验、编译和执行代码。

12. A。【解析】Java 是通过多线程实现并发机制的。多线程是指一个程序中包含多个执行流,多线程程序设计的含义是可以将程序任务分成几个并行的子任务。

13. D。【解析】super 关键字为实现对父类变量的访问和对父类方法的调用。对当前对象自身的引用应使用 this 关键字。

14. B。【解析】局部变量 b 是在 if(a==8){}里定义的,作用域也只在这个 if 语句范围内,第二个 System. out. println("b="+b)语句中,变量 b 超出了作用域。

15. D。【解析】Swing 构件中 JButton 是按钮构件,JLabel 为标签构件,JFrame 为顶层窗体容器构件。中间容器面板应为 JPanel,而不是 JPane。

16. C。【解析】动作事件和按钮按下,以及在 TextField 中按＜Enter＞键对应的事件为 ActionEvent 事件,进行处理的接口应为 ActionListener。MouseListener 是 MouseEvent 事件的实现接口,响应的是鼠标的移动、单击(不包括单击按钮)事件。

17. B。【解析】AWT 中 Font 是表示字体的类,Color 是表示颜色的类,Panel 是表示面板的类,Dialog 是表示对话框的类。

18. A。【解析】在这些运算符中十十运算符优先级最高。

19. D。【解析】Java 语言中跳转语句为 break。try、catch 和 finally 为异常处理语句。

20. A。【解析】因为在 n 不为 1 时,n! ＝n*(n-1)*(n-2)*…*1＝n*(n-1)!,所以此处应为 n-1。

21. C。【解析】arr[]为整型数组,分配地址后默认值为 0,所以创建数组时也是对每个数组元素赋初值 0。

22. A。【解析】定义一个包要用 package 关键字,使用一个包中的类时,首先要使用 import 导入这些类所在的包。include 为 C 语言的包含头文件的关键字,不是 Java 的。

23. B。【解析】继承性是面向对象方法的一个重要基本特性,它使代码可重用,可降低程序复杂性。对一个类的继承是指在现有类(父类)的基础上构建一个新类(子类),子类重用(继承)了父类的方法和状态,同时还可以向新类中添加新的方法和状态。

24. D。【解析】继承父类应使用的关键词为 extends。

25. D。【解析】String 的方法中,toLowerCase()方法是转换成小写,valueof()方法是获得相应数值,charAt()方法是提取字符串中指定位置的字符。append()是 StringBuffer 的方法。

26. A.【解析】这是一个二维数组,[]中的数字是每一维的大小。

27. B.【解析】在 java.io 中,提供了 ByteArrayInputStream、ByteArrayOutputStream 和 StringBufferInput Stream 类可以直接访问内存,其中用 ByteArrayOutputStream 可以向字节数组(缓冲区)写入数据。

28. C.【解析】ObjectOutputStream 即继承了 OutputStream 抽象类,又实现了 ObjectOutput 接口,这是 Java 用接口技术代替双重继承的例子,其构造方法参数是串行化了的对象。所以,此处应为串行化的文件输出流。

29. B.【解析】start()方法使线程参与运行调度。

30. C.【解析】Java 中线程模型包含三部分,(1)一个虚拟的 CPU;(2)该 CPU 执行的代码;(3)代码所操作的数据。

31. D.【解析】Applet 与显示相关的有三个方法,(1)paint()方法,具体执行 Applet 的绘制;(2)update()方法,用于更新 Applet 的显示;(3)repaint()方法,主要用于 Applet 的重新显示;Applet 程序可以在需要显示更新时调用该方法,通知系统刷新显示。

32. A.【解析】<Applet>标记的参数部分一般格式是[<PARAM NAME=appletParameter VALUE=value>]。

33. B.【解析】Applet 是一个面板容器,它默认使用 Flow 布局管理器,所以可以在 Applet 中设置并操作 AWT 构件。

34. D.【解析】while 的循环控制条件可以为 true,run 方法没有返回值,所以不能是 int 型,故此程序不能通过编译。

35. C.【解析】线程的方法中 sleep()方法的作用是使比当前线程优先级低的线程运行。该方法使一个线程暂停运行一段固定时间。在休眠时间内,线程将不运行,低优先级的线程将有机会运行。yield()方法为只让给同等优先级的线程运行。如果没有同等优先级的线程是可运行状态,yield()方法将什么也不做,即线程将继续运行。stop()方法是强行终止线程。wait()方法是线程间交互的方法,是使一个线程停止运行,进入等待状态。

二、填空题

1. 19【解析】当前栈中的所有元素的个数就是用栈底指针减去栈顶指针。

2. 白盒【解析】根据定义软件测试按照功能划分可以分为白盒测试和黑盒测试,白盒测试方法也称为结构测试或逻辑驱动测试,其主要方法有逻辑覆盖和基本路径测试等。

3. 顺序结构【解析】在 C 语言中,结构化程序设计的 3 种基本控制结构是选择结构、循环结构和顺序结构。

4. 数据库管理系统【解析】数据库管理系统 DBMS 是一种系统软件,负责数据库数据组织、数据操纵、数据维护、控制及保护和数据服务等。数据库管理系统是数据库系统的核心。

5. 菱形【解析】本题考察 E—R 的关系,在 E—R 图中,用菱形来表示实体之间的联系。矩形表示实体集,椭圆形表示属性。

6. Super【解析】当子类隐藏了父类的变量,并重写了父类方法后,要使用父类变量或父类被重写的方法时,可以通过 super 来实现对父类变量的访问和对父类方法的调用。

7. \"【解析】双引号字符的输出应使用转义字符。

8. JTable【解析】表格是 Swing 新增的构件,主要功能是把数据以二维表格的形式显示出来。Swing 中表示格的是 JTable。

9. JComponent【解析】JComponent 是一个抽象类,是大多数 Swing 构件的父类,定义了所有子类构件的一般方法,JComponent 类继承于 Component 类,所以凡是此类的构件都可以作为容器使用。

10. 数据【解析】在计算机中,流可以看做一个流动的数据缓冲区。数据从数据源流向数据目的地。流的传送是串行的。

11. 抽象【解析】接口是一种只含有抽象方法或常量的一种特殊的抽象类。是不包含成员变量和方法实现的抽象类,它只包含常量和方法的定义。

12. 内部类【解析】在一个类的内部嵌套定义的类称为内部类,内部类可以使用它所在类的静态成员变量和实例成员变量,也可以使用它所在的类的方法中的局部变量。

13. JApplet【解析】构造一个 Swing Applet 所应继承的父类应为 JApplet。

14. Object【解析】wait()和 notify()方法是 java.lang.object 类的方法,是实现线程通信的两个方法。

15. extends Thread【解析】从后面重写了 run()方法来看,这是通过继承 Thread 类,并重写 run()方法定义线程体,然后创建该子类的对象的方式来创建线程。

 第5套　笔试考试试题答案与解析

一、选择题

1. C.【解析】线性结构是指数据元素只有一个直接前驱和直接后继,线性表是线性结构,循环队列、带链队列和栈是指对插入和删除有特殊要求的线性表,是线性结构。而二叉树是非线性结构。

2.B。【解析】栈是一种特殊的线性表,其插入和删除运算都只在线性表的一端进行,而另一端是封闭的。可以进行插入和删除运算的一端称为栈顶,封闭的一端称为栈底。栈顶元素是最后被插入的元素,而栈底元素是最后被删除的。因此,栈是按照先进后出的原则组织数据的。

3.D。【解析】循环队列是把队列的头和尾在逻辑上连接起来,构成一个环。循环队列中首尾相连,分不清头和尾,此时需要两个指示器分别指向头部和尾部。插入就在尾部指示器的指示位置处插入,删除就在头部指示器的指示位置删除。

4.A。【解析】一个算法的空间复杂度一般是指执行这个算法所需的存储空间。一个算法所占用的存储空间包括算法程序所占用的空间,输入的初始数据所占用的存储空间及算法执行过程中所需要的额外空间。

5.B。【解析】耦合性和内聚性是模块独立性的两个定性标准,是互相关联的。在软件设计中,各模块间的内聚性越强,则耦合性越弱。一般优秀的软件设计,应尽量做到高内聚、低耦合,这有利于提高模块的独立性。

6.A。【解析】结构化程序设计的主要原则概括为自顶向下,逐步求精,限制使用GOTO语句。

7.C。【解析】N－S图(也称为盒图或CHAPIN图)和PAD(问题分析图)及PFD(程序流程图)是详细设计阶段的常用工具,E－R图即实体－联系图是数据库设计的常用工具。从题中图可以看出该图属于程序流程图。

8.B。【解析】数据库系统属于系统软件的范畴。

9.C。【解析】E－R图即实体－联系图(Entity Relationship Diagram),提供了表示实体型、属性和联系的方法,用来描述现实世界的概念模型,构成E－R图的基本要素是实体型、属性和联系,其表示方法为实体型(Entity):用矩形表示,矩形框内写明实体名;属性(Attribute):用椭圆形表示,并用无向边将其与相应的实体连接起来;联系(Relationship):用菱形表示,菱形框内写明联系名,并用无向边分别与有关实体连接起来,同时在无向边旁标上联系的类型(1∶1,1∶n或m∶n)

10.D。【解析】关系的并运算是指由结构相同的两个关系合并,形成一个新的关系,其中包含两个关系中的所有元素。由题可以看出,T是R和S的并运算得到的。

11.B。【解析】在构件类的方法中,paint( )方法是绘制构件,setSize( )方法是设置组件大小,getSize( )方法是获得组件大小,repaint( )方法是重新绘制构件。

12.C。【解析】在构件的事件类中,MouseEvent事件是鼠标事件,包括鼠标单击、移动;WindowEvent事件是窗口事件,包括关闭窗口,窗口闭合,图标化;ActionEvent事件是动作事件,包括按钮按下;TextField中按<Enter>键;KeyEvent事件是键盘事件,包括键按下、释放。

13.D。【解析】Font和Color是构件的字体和外观颜色,Panel是面板容器,Dialog是对话框的类。

14.D。【解析】算术运算符的优先级中,十十和－－级别最高。

15.B。【解析】>>是按位右移运算符,<<是按位左移运算符,>>>是添零右移运算符,没有<<<运算符。

16.A。【解析】B的循环终止条件为10000,CD的终止条件为常量false,都不能无限循环。

17.C。【解析】字符型可以转为int型,但字符串不可以。

18.B。【解析】本题考查的是线程的知识,变量XY是在线程外部定义的,所以每一对(X,Y)只出现一次。

19.C。【解析】下一个状态可以是可运行状态、阻塞状态、终止状态中的任一种。

20.B。【解析】close方法关闭写文件。

21.B。【解析】另一个线程的join方法是使得另一个线程等待,直到本线程结束为止,另一个线程恢复到可运行状态,不会改变本线程的运行状态。

22.B。【解析】Applet的生命周期中有四个状态:初始态、运行态、停止态和消亡态。当程序执行完init()方法以后,Applet程序就进入了初始态;然后马上执行start()方法,Applet程序进入运行态;当Applet程序所在的浏览器图标化或者是转入其他页面时,该Applet程序马上执行stop()方法,Applet程序进入停止态;在停止态中,如果浏览器又重新装载该Applet程序所在的页面,或者是浏览器从图标中复原,则Applet程序马上调用start()方法,进入运行态;当然,在停止态时,如果浏览器关闭,则Applet程序调用destroy()方法,进入消亡态。

23.C。【解析】在html页中包含Applet时,CODE＝appletfile指定了包含Applet或JApplet字节码的文件名,WIDTH＝pixels HEIGHT＝pixels定义了Applet显示区以像素为单位的高度和宽度。

24.A。【解析】Java命名约定全部小写,不得使用关键字,只有A符合。

25.C。【解析】自定义异常类都是Throwable及其子集,所以只有C可以做它的父类。

26.D。【解析】sayHello( )方法正常运行则程序不抛出异常,并执行finally,所以为D。

27. A。【解析】只有分开，才能做到独立于平台，与硬件无关。

28. B。【解析】Java 的基本数据类型的字长是平台无关的，int 型字长为 32。

29. C。【解析】final 为最终类，该类不能有子类。

30. D。【解析】在字符串中查询指定的字符或子串，可用 indexof() 方法，如查询成功，返回所查字符的位置。如不成功，返回－1，从下面程序可以看出，While 条件应为查询成功。

31. A。【解析】构造方法名必须与类名相同。

32. B。【解析】Java 平台将每一个由 synchronized(object) 语句指定的对象设置一个锁，称为对象锁，是一种独占的排他锁。

33. C。【解析】ObjectOutputStream 的直接父类是 OutputStream。

34. D。【解析】本题考查的是输入/输出及文件操作，writerObject 方法是向数据流中写入数据。

35. A。【解析】.class 文件是由编译器生成的。

二、填空题

1. 14【解析】叶子结点总是比度为 2 的结点多一个。所以，具有 5 个度为 2 的结点的二叉树有 6 个叶子结点。总结点数＝6 个叶子结点＋5 个度为 2 的结点＋3 个度为 1 的结点＝14 个结点。

2. 逻辑处理【解析】程序流程图的主要元素：①方框：表示一个处理步骤；②菱形框：表示一个逻辑处理；③箭头：表示控制流向。

3. 需求分析【解析】软件需求规格说明书是在需求分析阶段产生的。

4. 多对多【解析】每个"学生"有多个"可选课程"可对应，每个"可选课程"有多个"学生"可对应。

5. 身份证号【解析】主关键字的要求必须是不可重复的，只有身份证号能够满足这个条件。

6. 数据【解析】Java 中的线程模型包含三部分 (1) 一个虚拟的 CPU，(2) 该 CPU 执行的代码，(3) 代码所操作的数据，代码和数据构成了线程体。

7. run【解析】Thread 类本身实现了 Runnable 接口，所以可以通过继承 Thread 类，并重写 run() 方法定义线程体，然后创建该子类的对象创建线程。

8. paint【解析】paint(Graphics g) 是画 Applet 界面的基本方法，Applet 是工作在图形方式下的，向 Applet 画图、画图像、显示字符串，都要用 paint() 方法。

9. abstract【解析】抽象类应使用 abstract 定义。

10. Unicode【解析】在 Java 中，字符是以 16 位的 Unicode 码表示的，Unicode 字符集比 ASCII 字符集更丰富。

11. BufferedOutputStream【解析】从前面变量 buf 的类型可以看出应为 Buffered－ OutputStream。

12. 54【解析】066 代表 8 进制数据的 66 等于十进制的 54。

13. JToolBar【解析】JToolBar 是 Swing 中用来表示工具栏的类，是用于显示常用工具控件的容器，其位置通常处于菜单条或标题栏的下面，但也可改变它的位置。

14. double【解析】运算中自动类型转换按优先关系从低级数据转换成高级数据。规定的优先次序是 byte，short，char→int→long→float→double

15. thorowException【解析】抛出异常、生成异常对象都通过 throw 语句实现。

 第6套　笔试考试试题答案与解析

一、选择题

1. C。【解析】二分法查找只适用于顺序存储的有序表，对于长度为 n 的有序线性表，最坏情况只需比较 $\log_2 n$ 次。

2. D。【解析】算法的时间复杂度是指算法需要消耗的时间资源。一般来说，计算机算法是问题规模 n 的函数 f(n)，算法的时间复杂度也因此记做 T(n)＝O(f(n))因此，算法执行的时间的增长率与 f(n) 的增长率正相关，称作渐进时间复杂度（Asymptotic Time Complexity）。简单来说就是算法在执行过程中所需要的基本运算次数。

3. C。【解析】编辑软件和浏览器属于工具软件，教务系统是应用软件。

4. A。【解析】调试的目的是发现错误或导致程序失效的错误原因，并修改程序以修正错误。调试是测试之后的活动

5. D。【解析】数据流程图是一种结构化分析描述模型，用来对系统的功能需求进行建模。

6.B。【解析】开发阶段在开发初期分为需求分析、总体设计和详细设计三个阶段,在开发后期分为编码和测试两个子阶段。

7.C。【解析】模式描述语言(Data Description Language,DDL)来描述、定义的,体现、反映了数据库系统的整体观。

8.D。【解析】一个数据库由一个文件或文件集合组成。这些文件中的信息可分解成一个个记录。

9.C。【解析】E－R图为实体一联系图,提供了表示实体型、属性和联系的方法,用来描述现实世界的概念模型。

10.D。【解析】关系的选择运算是指从关系R中得到满足给定条件的元组组成新的关系。由题可以看出,T是由满足条件 R.B＝T.B and R.C＝T.C 进行选择得到的。

11.C。【解析】final是最终的修饰符,其修饰的是常量。

12.A。【解析】布尔类型数据只有两个值 true(真)和 false(假),不对应任何数字,不能与数字进行转换,布尔类型数据一般用于逻辑判别。

13.D。【解析】Object是所有类的根。

14.D。【解析】a 和 f 的 ASCII 值相差 5。

15.C。【解析】采用 0,1,2,3,4,5,6,7 八个数码,逢八进位,并且开头一定要以数字 0 开头的为八进制。

16.C。【解析】toString是 Object 类的方法,所有类都从 Object 类继承。

17.B。本题考查了数组及 for 循环。本题数组定义的值为5,下标从 0～4。数组越界,所以答案为 B。

18.A。【解析】Swing 中提供了 JOptionPane 类来实现类似 Windows 平台下的 MessageBox 的功能,利用 JOptionPane 类中的各个 static 方法来生成各种标准的对话框,实现显示信息、提出问题、警告、用户输入参数等功能,且这些对话框都是模式对话框。

19.B。【解析】类体中定义的两种成员是数据成员和成员函数。

20.C。【解析】向流中写入整数数组,用 WrinteInt 方法。

21.D。【解析】Reader/Writer 所处理的流是字符流,InputStream/OutputStream 的处理对象是字节流。

22.A。【解析】内部类与外部类的名称不能相同。

23.B。【解析】super 可用于调用被重写的父类方法,注意 Java 区分大小写。

24.A。【解析】创建一个 Reader 流的对象 in。

25.C。【解析】前两项是自加减运算,最后一项是 b＝b＊a。

26.B。【解析】MouseEvent 是鼠标事件,ActionEvent 是组件事件,KeyEvent 是键盘事件。

27.B。【解析】ActionEvent 是组件事件,当特定于组件的动作(比如被按下)发生时,由组件(比如 Button)生成此高级别事件。事件被传递给每一个 ActionListener 对象,这些对象是使用组件的 addActionListener 方法注册的,用以接收这类事件。

28.D。【解析】! 是逻辑非,|| 是逻辑或,&& 是逻辑与,| 是按位或。

29.C。【解析】由 SomeThread t＝new SomeThread()可知此题是通过继承 Thread 类来创建线程的。

30.A。【解析】Test 类实现了 Runnable 接口。

31.B。【解析】在 Synchronized 块中等待共享数据的状态改变时调用 wait()方法,这样该线程等待并暂时释放共享数据对象的锁。

32.D。【解析】wait()会使线程放弃对象锁,进入等待此对象的等待锁定池。

33.B。【解析】init()一般用来完成所有必需的初始化操作,start()是在初始化之后 Applet 被加载时调用,stop()在 Applet 停止执行时调用,destory()是 Applet 从系统中撤出时调用。

34.A。【解析】通过使用＜Applet＞标记,至少要指定 Applet 子类的位置以及浏览器中 Applet 的显示大小。

35.C。【解析】paint()是画 Applet 界面的基本方法。

二、填空题

1.A,B,C,D,E,F,5,4,3,2,1【解析】队列是先进先出的。

2.15【解析】队列个数＝rear－front＋容量。

3.EDBGHFCA【解析】先遍历左子树,然后遍历右子树,最后遍历访问根结点,各子树都是同样的递归遍历。

4.程序【解析】参考软件的定义。

5.课号【解析】课号是课程的唯一标识即主键。

6. 对象【解析】参考 Java 简介。

7. .class【解析】Java 文件经过 JVM 编译成字节码文件,即.class 文件。

8. 数据库【解析】JDBC(Java Data Base Connectivity,java 数据库连接)是用于执行 SQL 语句的 Java API,可以为多种关系数据库提供统一访问,它由一组用 Java 语言编写的类和接口组成。

9. StringBuffer【解析】它能提供长度可变字符串对象的表示。

10. ArrayList【解析】它是在运行时动态自动调整组的大小。

11. length【解析】统计数组的长度即所需参数的个数。

12. return【解析】作用是从当前方法中退出,返回到调用该方法的语句。

13. 执行流【解析】一个进程的执行过程中会产生多个线程即执行流。

14. 可运行状态(Runnable)【解析】sleep()方法结束后,线程将进入可运行状态。

15. extends Applet【解析】本题是考查继承。继承了 Applet 类。

 第7套 笔试考试试题答案与解析

一、选择题

1. B。【解析】与顺序存储结构相比,线性表的链式存储结构需要更多的空间存储指针域,因此,线性表的链式存储结构所需要的存储空间一般要多于顺序存储结构。

2. C。【解析】栈是限制仅在表的一端进行插入和删除的运算的线性表,通常称插入、删除的这一端为栈顶,另一端称为栈底。

3. D。【解析】软件测试的目的主要是在于发现软件错误,希望在软件开发生命周期内尽可能早地发现尽可能多的 bug。

4. A。【解析】①对软件开发的进度和费用估计不准确;②用户对已完成的软件系统不满意的现象时常发生;③软件产品的质量往往靠不住;④软件常常是不可维护的;⑤软件通常没有适当的文档;⑥软件成本在计算机系统总成本中所占的比例逐年上升;⑦软件开发生产率提高的速度,远远跟不上计算机应用迅速普及深入的趋势。

5. A。【解析】软件生命周期(SDLC,Systems Development Life Cycle,SDLC)是软件的产生直到报废的生命周期,周期内有问题定义、可行性分析、总体描述、系统设计、编码、调试和测试、验收与运行、维护升级到废弃等阶段。

6. D。【解析】继承:在程序设计中,继承是指子类自动享用父类的属性和方法,并可以追加新的属性和方法的一种机制。它是实现代码共享的重要手段,可以使软件更具有开放性和可扩充性,这是信息组织与分类的行之有效的方法,这也是面向对象的主要优点之一。继承又分为单重继承和多重继承。单重继承是指子类只能继承一个父类的属性和操作;而多重继承是指子类可以继承多个父类的属性和操作。Java 是一种单重继承语言,而 C++是一种多重继承语言。

7. D。【解析】层次型、网状型和关系型数据库划分的原则是数据之间的联系方式。

8. C。【解析】一个工作人员对应多台计算机,一台计算机对应多个工作人员,则实体工作人员与实体计算机之间的联系是多对多。

9. C。【解析】外模式,也称为用户模式。在一个数据库模式中,有 N 个外模式,每一个外模式对应一个用户。外模式保证数据的逻辑独立性。

内模式属于物理模式,因此,一个数据库只有一个内模式;内模式规定了数据的存储方式、规定了数据操作的逻辑、规定了数据的完整性、规定了数据的安全性、规定了数据的存储性能。

10. A。【解析】自然连接是将表中具有相同名称的列自动进行记录匹配。

11. B。【解析】Java 不支持多重继承(子类只能有一个父类)。

12. A。【解析】Javap 命令是 java 反汇编命令,javac 命令是 java 语言编译器,jdb 是基于文本和命令行的调试工具,java 命令是 Java 解释器。

13. D。【解析】Java 中标识符的命名规则为:①区分大小写,例如 a 和 A 是两个变量;②标识符由字母、下画线、美元符号和数字组成,并且第一个字符不能是数字。

14. C。【解析】Java 中单精度常量以 f 或 F 结尾。

15. D。【解析】由于基本数据类型中 boolean 类型不是数字型,所以基本数据类型的转换是除了 boolean 类型以外的其他 7 种类型之间的转换。

16．A。【解析】＋＋b，先自加，再计算，即 a＊(＋＋b)等价于 b＝b＋1；a＊b。

17．D。【解析】A 是获得控件大小，B 是获得构件的前景色，C 是获得构件的背景色，D 是继承 Applet 的子类需要实现的方法。

18．C。【解析】try－catch 块是可以嵌套分层的，并且通过异常对象的数据类型进行匹配，以找到正确的 catch block 异常错误处理代码。以下是通过异常对象的数据类型进行匹配找到正确的 catch block 的过程。

①首先在抛出异常的 try－catch 块中查找 catch block，按顺序先与第一个 catch block 块匹配，如果抛出的异常对象的数据类型与 catch block 中传入的异常对象的临时变量(就是 catch 语句后面参数)的数据类型完全相同，或是它的子类型对象，则匹配成功，进入 catch block 中执行，否则到第②步；

②如果有两个或更多的 catch block，则继续查找匹配第二个、第三个，乃至最后一个 catch block，如匹配成功，则进入对应的 catch block 中执行，否则到第③步；

③返回到上一级的 try－catch 块中，按规则继续查找对应的 catch block。如果找到，进入对应的 catch block 中执行，否则到第 4 步；

④再到上上级的 try－catch 块中，如此不断递归，直到匹配到顶级的 try－catch 块中的最后一个 catch block，如果找到，进入到对应的 catch block 中执行；否则程序将会执行 terminate()退出。所以选 C。

19．A。【解析】Java 中一个类是一个 abstract 类的子类，它必须具体实现父类的 abstract 方法。如果一个类中含有 abstract 方法，那么这个类必须用 abstract 来修饰(abstract 类也可以没有 abstract 方法)。有 abstract 方法的父类只声明，由继承它的子类实现。所以选 A。

20．C。【解析】接口 WindowListener 包括以下方法：windowActivated、windowDeactivated、windowClosing、window-Closed、windowIconified、windowDeiconified、windowOpened 方法。所以选 C。

21．D。【解析】continue 语句的作用是不执行循环体后面的语句直接进入循环判断阶段。所以本题选 D。

22．A。【解析】类变量用 static 修饰。

23．B。【解析】Java 中字符串常量由双引号和其中间的字符所组成。

24．C。【解析】java．lang 包提供 Java 编程语言进行程序设计的基础类。java．lang 包是编译器自动导入的。

25．D。【解析】ObjectInputStream 类和 ObjectOutputStream 类分别是 InputStream 类和 OutputStream 类的子类。ObjectInput－Stream 类和 ObjectOutputStream 类创建的对象被称为对象输入流和对象输出流。对象输入流使用 readObject()方法读取一个对象到程序中。

26．A。【解析】ObjectOutputStream 类的构造方法是 ObjectOutputStream (OutputStream out)。Java 中的二进制流全都写入到内存中。

27．B。【解析】length 表示数组的长度。

28．C。【解析】抽象类中的抽象方法可以只声明，定义延迟到其子类。

29．D。【解析】用 Thread 类的构造方法 Thread(Runnable target)创建线程对象时，构造方法中的参数必须是一个具体的对象，该对象称作线程的目标对象，创建目标对象的类必须要实现 Runnable 接口。

30．D。【解析】线程状态转换序列如下图所示：

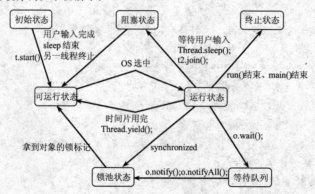

故选 D。

31．A。【解析】当一个线程使用的同步方法中用到的某个变量，而此时有需要其他线程修改后才能符合本线程的需要，那么可以使用 wait()方法,wait()方法的作用是使本线程等待,并允许其他线程使用此同步方法。当其他线程使用完后应使用 notify()或者 notifyAll()方法允许其他线程使用此同步方法。Interrupt()方法的作用是在 run()方法执行完之前就消灭此线程,而 sleep()方法的作用是延迟一段时间后执行。所以本题是为了支持压栈线程与弹栈线程之间的交互与同步,所以选 A。

32. D。【解析】程序正常运行打印 this is run()。用 Thread 类的构造方法 Thread(Runnable target)创建线程对象时,构造方法中的参数必须是一个具体的对象,该对象称作线程的目标对象,创建的目标对象的类必须实现 Runnable 接口。

33. B。【解析】Applet 不可以单独运行,Applet 支持多线程。

34. B。【解析】在 java Applet 的生命周期中,共有 4 种状态,即 4 个方法 init()、start()、stop()和 destroy()。在 Applet 装载时,调用 init()通知该 Applet 已被加载到浏览器中,使 Applet 执行一些基本初始化操作。

35. D。【解析】param<name="",value="">中 name 属性值不可重复,value 是绝对路径,必须用引号引用起来。

二、填空题

1. 1DCBA2345【解析】栈是限制仅在表的一端进行插入和删除的运算的线性表,通常称插入、删除的这一端为栈顶,另一端称为栈底。

2. 1【解析】题干未说明线性表的元素是否已排序,若元素已降序排序,则用顺序查找法最少只需查找 1 次。

3. 25【解析】在任意一棵二叉树中,度数为 0 的结点(即叶子结点)总比度数为 2 的结点多一个,因此该二叉树中叶子结点为 7+1=8,8+17=25。

4. 结构化【解析】结构化程序可以分为三种基本结构,即顺序结构、分支结构、循环结构。

5. 物理设计【解析】数据库设计的四个阶段包括:需求分析、概念设计、逻辑设计和物理设计四个阶段。

6. Virtual Machine【解析】定义 Java Virtual Machine(Java 虚拟机),它是一个虚构出来的计算机,是通过在实际的计算机上仿真模拟各种计算机功能来实现的,是运行所有 Java 程序的抽象计算机,是 Java 语言的运行环境。

7. 16【解析】字符变量在内存中占 16 位二进制数位,int 变量在内存中占 32 位二进制数位。

8. Integer 类【解析】Java 中包装类有 Boolean、Byte、Short、Character、Integer、Long、Float 和 Void 等,其中 Integer 是 int 的包装类。

9. 复用【解析】继承性是子类自动共享父类数据结构和方法的机制,这是类之间的一种关系。在定义和实现一个类的时候,可以在一个已经存在的类的基础上进行,把这个已经存在的类所定义的内容作为自己的内容,并加入若干新的内容。继承性是面向对象程序设计语言不同于其他语言的最重要的特点,是其他语言所没有的。采用继承性,提供了类的规范的等级结构。通过类的继承关系,使公共的特性能够共享,提高了软件的重用性。

10. 实现【解析】抽象方法只需声明,而不需实现,抽象方法由抽象类的子类去具体实现,抽象类的子类必须实现所有的抽象方法才能被实例化,否则,即使这个子类实现了抽象父类中的部分抽象方法,子类也必须定义为抽象类。

11. 串【解析】Java 的 I/O 流库中提供了大量的流类(在包 Java.io 中)。其中,所有输入流类都是 InputStream(字节数入流)抽象类或抽象类 Reader(字符输入流)的子类。

12. JProgressBar【解析】Javax. swing 包中有 4 个最重要的类:JApplet、JFrame、JDialog、JComponent。其中 JComponent 类的子类都是轻组件,JProgressBar 是 JComponent 类的子类。

13. t. start()【解析】start()是类 Thread 的方法,其中 start()方法用于启动线程,使之从新建状态转入就绪状态并进入就绪队列排队,一旦轮到它来享用 CPU 资源时,就可以脱离创建它的主线程独立地开始自己的生命周期了。

14. 线程体【解析】方法 run()称为线程体,它包含了要执行的这个线程的内容,Run 方法运行结束,此线程终止。

15. paint【解析】Java 中,继承 applet 类的子类需要实现以下方法:init()、start()、stop()、destroy()、paint(Graphics g)方法。其中,paint(Graphics g)方法有一个参数 g,是浏览器在运行 Java Applet 时产生的一个类 Graphics 的实例。

 第8套 笔试考试试题答案与解析

一、选择题

1. A。【解析】栈是限定在一端进行插入、删除的先入后出的线性表数据结构,栈顶元素最后被插入到栈中,但是最先被删除;而栈底元素最先被插入,最后被删除。

2. D。【解析】线性表的特点是:在数据元素的非空有限集合中(1)存在唯一的一个被称为"第一个"的数据元素。(2)存在唯一一个被称为"最后一个"的数据元素。(3)除第一个以外,集合中的每个数据元素均只有一个后继。(4)除最后一个以外,集合中的每个数据元素均只有一个后继。因此,双向表是非线性结构。

3. D。【解析】对于任意一棵二叉树T,如果叶子结点数为n0,度为2的结点数为n2,二者之间的关系是n0=n2+1,该题中度为2的结点数为0,且只有一个叶子结点,因此,树中度为1的结点有6个,很容易想到树的高度为7。

4. D。【解析】需求分析阶段只能产生需求分析规格说明数,A测试说明书是软件测试阶段生成的,B软件详细设计说明书是设计阶段生成的,C用户手册是软件发布时随软件一同交付给用户的。

5. B。【解析】结构化程序设计的三种结构是顺序、分支和循环,不包括goto跳转,它只是分支结构的一种,也是一个关键字。

6. A。【解析】软件系统的总体结构图是软件架构设计的依据,它并不能支持软件的详细设计。

7. C。【解析】数据库操纵语言专门负责查询、增加和删除等数据操作。

8. D。【解析】一个教师可以上多门课程,一门课程也可以由多个教师教授,这是典型的多对多的E-R关系。

9. C。【解析】S中的关系全部出现在R中,只有做除法操作才会出现关系T。

10. B。【解析】A是有符号数,C是浮点数,D是集合,并不是类的实例化对象,只有B完全符合。

11. A。【解析】面向对象是一种程序设计方式,Java、C++是面向对象设计的语言,而C是面向过程设计的语言。面向对象设计适应于设计、编码、实现、测试等一系列环节。

12. B。【解析】Java是强类型检查语言,字符串的equals方法执行的返回值是true或者false。

13. B。【解析】一个文件的public类最多可以有一个,但是可以包含多个import,包含的接口定义也可以有多个,包含的class类可以有多个,当该文件命名时,可以以public类名来命名,反之编译之后将有多个.class文件生成。

14. D。【解析】Java的关键字中不包含NULL,它是C语言的关键字,表示空。

15. C。【解析】当0作为除数时,会产生异常,而ArithmeticException和Exception两类异常都内部被捕捉到。

16. A。【解析】整数的定义不能带小数点,表明是一个浮点数;其他三个都正确。

17. C。【解析】使用File类的list方法可以获得目录下所有文件名称,FileInputStream和FileOutputStream类都不具有list方法。

18. D。【解析】这是学习Java语言接触的第一个程序,main函数的参数是String args[]。

19. B。【解析】所有的类都是Object的子类,如果要覆盖Object的equals方法则必须覆盖hasCode方法,覆盖时的属性是public。

20. B。【解析】内部类就是在类内部重新定义的新类,该类能连接外部类,但是不能和外部类进行通信。ActionListenser有自己的类方法体,而Timer没有,只是实例化了一个Timer对象。

21. A。【解析】该程序的功能是从zip压缩文件中获取各个文件的名字。因此应该在A处。

22. C。【解析】该题是简单的for循环考题,通过逐一判断可得到答案,数组的长度是6,数组的内容从下标1开始,最大循环是5,numbers[5]的值是4。

23. C。【解析】java. lang. Thread类和java. lang. Runnable是创建线程的两个方法,分别是实现Thread类和继承Runnable接口,而ThreadGroup类是管理一组线程的类。而Serializable是序列化,将一个对象的状态保存起来,在适当的时候再获得,它不支持线程。

24. A。【解析】java中实现多线程的方法之一就是实现Runnable接口中的run方法,把实现Runnable接口的子类对象传递给Thread类的构造函数。

25. C。【解析】线程调用sleep函数后,使当前线程进入停滞状态。yield函数可使线程进入可执行状态,排程器从可执行状态的线程中重新排程,调用了yield函数的线程有可能被马上执行,也有可能不会马上执行。notify函数从线程等待池中移走任意一个线程,并把它放到锁标志等待池中,其状态仍旧是等待。所以只有sleep一定会改变线程状态。

26. C。【解析】堆栈中为了保证访问数据的一致性,应该对类的数据进行封装,而实现类数据封装的级别是private。

27. D。【解析】启动两个线程,线程之间没有进行同步,所以B和C均有可能。

28. A。【解析】applet程序必须在浏览器中运行,因此它需要支持applet类,而applet程序可以接受外部参数,可以使用javac编译,但是可以不用包含main函数。

29. C。【解析】这里使用一个继承自Applet的类来显示字符。主要方法是在paint()方法中使用System. out. println()显示。

30. B。【解析】正确的方法是 float f,d;,中间应该使用","而不是";",因为在 Java 中";"表示一个语句结束。

31. A。【解析】字符串"Hello"的长度是 5,java 在计算字符串长度时只计算实际字符串长度。

32. A。【解析】boolean 类型的变量值只有 ture 或 false,b[0]的默认初始值为 false。

33. B。【解析】Java 中允许两个 String 类型进行十运算,其结果仍旧是 String 类型。

34. C。【解析】getFont 方法用来获取字体,getName 方法用于获取组件的名字,paint 方法用于绘制组件,update 方法用于刷新组件。

35. D。【解析】鼠标在窗口中移动产生的事件是 MouseEvent 事件,ActionEvent 是动作事件处理,PrintEvent 是打印事件,KeyEvent 是键盘事件。

二、填空题

1. 顺序【解析】有序线性表进行二分查找时,其数据的地址必须是连续分布在内存中的,不能是链表结构。

2. DEBFCA【解析】这类题型一般通过前序遍历的结果来找根结点,用中序遍历的结构找分支结点,通过画出该二叉树可得到结果。

3. 单元【解析】对模块或函数进行测试就称为单元测试,对整个系统进行测试就是系统测试。

4. 主键值【解析】在关系模式中,主关键字是唯一标志,而主关键字的属性(称为主属性)不能取空值,否则表明关系模式中存在着不可标识的实体,这与现实世界是不符合的。

5. D【解析】外码用于建立和加强两个关系之间的连接,通过将保存关系中主键值的一列或多列属性添加到另一个关系中,可建立两个关系之间的联系,这个列属性称为第二关系的外码。

6. final【解析】如果一个类被 final 修饰符修饰说明这个类不可能有子类,被定义为 final 的类通常是一些有固定作用,用来完成某种标准功能的类。

7. Exception【解析】在 Java 语言中,错误类的基类是 java. lang. Error,异常类的基类是 java. lang. Exception,这两个类都是 java. lang. Throwable 的子类。

8. 静态【解析】Java 中静态方法比较适合工具类、静态工厂等,静态方法属于类本身,而非类的实例,可以直接使用"类名. 方法名"的方式进行调用。

9. Employee【解析】一个对象能够实现序列化的前提是实现 Serializable 接口,Serializable 接口没有方法,更像是一个标记,有了这个标记的 Class 才能被序列化机制处理。

10. false【解析】此题后半部分除数是 0,按常理说应该报异常,且不会得出结果。但是在计算 && 运算时采用了部分结果方法,即先运算前半部分,如果前半部分为假,则不必计算后半部分,整个结构为假,如果前半部分为真,这时才计算后半部分的值,在此,前部分已经为假,所以结果就不用算后半部分。

11. NEW【解析】在 Java 中线程被定义为 6 种状态,刚刚创建并实例化的线程就处于 NEW 状态,正在 Java 虚拟机中运行的线程是 RUNNABLE 状态,还有 BLOAKED、WAITING、TIMED_WAITING、TERMINATD 这 6 种状态。

12. 抢占式【解析】Java 的线程调度策略是一种基于优先级的抢占式调度,比如在一个低优先级线程的执行过程中,来了一个高优先级线程,这个高优先级线程不必等待低优先级线程的时间片执行完毕就直接把控制权抢占过来。

13. init【解析】当 applet 程序第一次被浏览器加载时,便执行该方法,在整个生命周期内,只执行一次。每个小应用程序在运行时都是按照顺序执行 init、start、paint、stop 和 destroy 方法。

14. MouseEvent【解析】从类实现的 MouseMotionListener 可以知道该类处理的事件是 MouseEvent 事件。

15. 0 或—1【解析】将 save 这个 button 添加到 myFrame 容器中,add 方法的第二参数表示第几个加入的,在此只有一个 button,只需要在 0 位置处即可,或者—1 表示追加到所有组件之后,但是此处只有一个 button。

第5章　上机考试试题答案与解析

 第1套　上机考试试题答案与解析

一、基本操作题

第1处："\"Welcome! \""

第2处："a/b＝c"

第3处："\\\\do something"

【解析】本题考查的是不同的数据类型的输出方式，以及转义字符的使用。第1处与第3处含有特殊字符，输出时要使用转义字符。

二、简单应用题

第1处：new ActionListener()

第2处：tf1.getText()

【解析】第1处是设置监听事件，响应 tf1（Input 文本框）的输入事件，第2处是将用户在 Input 文本框中输入的内容在 Output 文本框中显示。

三、综合应用题

第1处：extends JFrame implements ActionListener

第2处：public void actionPerformed(ActionEvent e)

第3处：JButton instantce ＝ (JButton)e.getSource()

【解析】第1处是实现与 ActionEvent 事件对应的接口，使之能够处理 ActionEvent 事件，相应的接口应为 ActionListener；第2处是 actionPerformed 方法通过读取 ActionEvent 对象的相关信息来得到事件发生时的情况，Java 是大小写敏感的；第3处是在 Java 的事件类中 java.util.EventObject 类是所有事件对象的基础父类，通过 getSource() 方法可以得到事件源对象。

 第2套　上机考试试题答案与解析

一、基本操作题

第1处：char c

第2处：(int)(Math.random() ＊ 26)＋'A'

第3处：c! ＝'Q'

【解析】第1处是定义变量，从下面的变量赋值语句和输出语句可看出应为字符型变量c；第2处是通过将字符 A 随机加上 0～26 之间的数来达到随机产生 A～Z 之间字符的结果。第3处是 do- while 循环的终止条件。

二、简单应用题

第1处：this

第2处：actionPerformed(ActionEvent evt)

【解析】第1处注册监听器进行授权，该方法的参数是事件处理的对象；第2处是 actionPerformed 方法通过读取 ActionEvent 对象的相关信息来得到事件发生时的情况。

三、综合应用题

第1处：upper.setLayout(new BorderLayout())

第2处：class ButtonListener implements ActionListener

第3处：this.c＝c

【解析】第1处 Java 是大小写敏感的；第2处 ActionListener 是接口，应用 implements；第3处引用当前对象成员应用 this。

第3套 上机考试试题答案与解析

一、基本操作题

第1处:arr. length

第2处:arr[i]＝arr[j]

第3处:arr[j]＝temp

【解析】第1处从下面的循环结构可看出n的值应为数组的大小;第2处和第3处是借助临时变量把小的元素交换到前面。

二、简单应用题

第1处:jl. setForeground(color)

第2处:jl. repaint()

【解析】在构件类的方法中,setForeground()为设置构件的前景色,repaint()为重新绘制构件。

三、综合应用题

第1处:contentPane. add(bar,BorderLayout. NORTH)

第2处:setJMenuBar(menuBar)

第3处:panel. setBackground(c)

【解析】第1处将工具条添加到容器内使用的方法应为add;第2处的上一步为将menu添加到menuBar中,从这一步的参数为menuBar可看出应为setJMenuBar;第3处设置面板的背景颜色应使用的方法为setBackgroud()。

 第4套 上机考试试题答案与解析

一、基本操作题

第1处:int sum＝0

第2处:i＜score. length

第3处:score[i]＜60 或 score[i]＜＝59

【解析】第1处是定义变量,前面的int num＝0只是迷惑考生的;第2处为循环条件;第3处判断是否及格。

二、简单应用题

第1处:super. paintComponent(g)

第2处:Font. Bold

【解析】第1处使用父类方法应使用super来引用;第2处为设置粗体。

三、综合应用题

第1处:class TransformTestFrame extends JFrame

第2处:class TransformPanel extends JFrame

第3处:public void paintComponent(Graphics g)

【解析】第1处类中公有对象名称应与类名一致;第2处为继承的父类不正确;第3处从下面的 super. paintComponent(g);可判断出应有参数 Graphics g。

 第5套 上机考试试题答案与解析

一、基本操作题

第1处:double

第2处:i＝(int)d

第3处:x＝d—i

【解析】第1处定义变量类型应为double(与x相同);第2处为取整数部分;第3处原数减去整数部分即为小数部分。

二、简单应用题

第1处：tk. getScreenSize()

第2处：setResizable (false)

【解析】第1处取得屏幕大小；第2处设置窗口的大小不能改变。

三、综合应用题

第1处：public class java3 extends JButton

第2处：super(icon)

第3处：Container c=f. getContentPane()

【解析】第1处继承父类应使用关键字 extends；第2处引用父类应使用 super；第3处变量 c 使用前类型未定义。

 第6套　上机考试试题答案与解析

一、基本操作题

第1处：String str1,str2

第2处：str1. indexOf(str2)

第3处：i! ＝－1

【解析】第1处使用前定义变量 str1 和 str2；第2处和第3处判断 str2 是否是 str1 的子串。

二、简单应用题

第1处：import java. awt. *

第2处：i＜fontNames. length

【解析】第1处必须在所有类定义之前引入标准类；第2处遍历字体名称数组。

三、综合应用题

第1处：this. addMouseListener(new MouseEventHandler())

第2处：class MouseEventHandler extends MouseAdapter

第3处：public void mousePressed (MouseEvent evt)

【解析】第1处参数应为实例化对象；第2处继承父类使用 extends，implements 实现的是接口；第3处单击鼠标后事件应为 mousePressed。

 第7套　上机考试试题答案与解析

一、基本操作题

第1处：int

第2处：int

第3处：res＝op1|op2

【解析】本题考查位运算符和位运算表达式，第1处和第2处定义变量；第3处 op1 的二进制的低3位全部变成1等同于与7进行按位或操作。

二、简单应用题

第1处：file. createNewFile()

第2处：(c＝rfile. read())! ＝－1

【解析】本题考查文件操作，第1处在写入文件前要创建文件；第2处为判断是否为文件尾。

三、综合应用题

第1处：PopupMenu popup

第2处：switch (evt. getStateChange())

第3处：System. out. println(evt. getActionCommand()＋"is selected")

【解析】第1处 Java 是大小写敏感的；第2处复选按钮状态更改事件为 getStateChange；第3处 getActionCommand()没有对应的 ActionEvent。

第8套 上机考试试题答案与解析

一、基本操作题

第1处：int n

第2处：arr. length－1

第3处：n－－或n＝n－1或n－＝1

【解析】第1处使用前定义变量n；第2处和第3处遍历数组各元素。

二、简单应用题

第1处：Object[][]

第2处：JTable(cells,columnNames)

【解析】第1处定义二维数组保存日期数据；第2处JTable的构造方法第一个参数是数据，第二个参数是表格第一行中显示的内容。

三、综合应用题

第1处：pulic SketchPanel()

第2处：addKeyListener(listener)

第3处：int keyCode＝event. getKeyCode()

【解析】第1处SketchPanel是构造方法，构造方法是给对象赋初值，所以没有返回值，但不用void来声明；第2处注册时间的监听器，参数应为事件源；第3处getKeyCode()方法获得的是int型的键码。

 第9套 上机考试试题答案与解析

一、基本操作题

第1处：int n

第2处：return 1

第3处：return n＋add(n－1)

【解析】递归方法是一种调用程序本身并采用栈结构的算法，第1处定义参数类型；第2处是递归初值；第3处为递归运算。

二、简单应用题

第1处：btn. addActionListener(this)

第2处：Double. parseDouble(display. getText())

【解析】第1处为按钮添加监听器；第2处获得输入数字并转化为double型。

三、综合应用题

第1处：DocumentListener listener ＝ new ClockFieldListener()

第2处：hourField. getDocument(). addDocumentListener(listener)

第3处：private class ClockFieldListener implements DocumentListener

【解析】第1处从后面程序可以看出ClockFieldListener类扩展了DocumentListener，此处应使用继承后的子类；第2处注册窗体的监听器，参数应为事件源。第3处实现的是接口，应使用implements。

 第10套 上机考试试题答案与解析

一、基本操作题

第1处：new boolean[10]

第2处：i%2! ＝0

第3处：b[i]＝true

【解析】第1处定义了一个长度为10的boolean型数组；第2处判断数组元素下标是否为奇数。第3处不为奇数的情况下数组元素值设为true。

二、简单应用题

第1处：label[][]

第2处：new label()

【解析】第1处定义了一个长度为12×12的Label型数组；第2处为数组元素赋值。

三、综合应用题

第1处：setMenuBar(mb)

第2处：m. getItem(i). addActionListener(this)

第3处：String s＝textArea. getSelectedText()

【解析】第1处设定菜单栏，setMenuBar参数应为菜单栏，此处this为Frame；第2处获得菜单项应使用getItem()方法。第3处变量s使用前未定义，从getSelectedText()可以看出，数据为文本域中选择的内容，故为String类型。

 第11套　上机考试试题答案与解析

一、基本操作题

第1处：new int[arrA. length]

第2处：arrA. length－1

第3处：j－－或j＝j－1或j－＝1

【解析】第1处将arrB的长度设定成与arrA相同；第2处因为是逆序存储，从后面的arrB[j]＝arrA[i]；可以看出，j的初值应使arrB[j]指向数组末尾。第3处for循环使用。

二、简单应用题

第1处：implements ItemListener,ActionListener

第2处：setResizable(false)

【解析】第1处从后面的button. addActionListener(this)；box. addItemListener(this)；可以看出MyFrame需要ItemListener和ActionListener接口；第2处设置初始时窗口的大小是不能调整的。

三、综合应用题

第1处：extends Frame implements ActionListener,ItemListener

第2处：for(int i＝0;i＜l. getItemCount();i＋＋)

第3处：public void ItemStateChanged(ItemEvent evt)

【解析】第1处类可以实现多个接口，接口之间用"，"隔开；第2处reverseSelections方法实现的是反选，遍历列表获得列表元素数应使用的是getItemCount()方法；第3处Java是大小写敏感的。

 第12套　上机考试试题答案与解析

一、基本操作题

第1处：i＋＋或i＝i+1或i＋＝1

第2处：(double)sumScore/num

第3处：i＜num

【解析】本程序首先通过第一个while循环求得平均数，再通过do while循环逐一比较，判断是否及格。第1处为while循环的自加；第2处计算平均数；第3处do while循环终止条件。

二、简单应用题

第1处：extends Dialog

第2处：dialog. setVisible(true)

【解析】第1处设定对话框的类应继承Dialog类；第2处显示对话框。

三、综合应用题

第1处：drawingArea. addMouseListener(new MyMouseListener())

第2处：class MyMouseListener extends MouseInputAdapter

第 3 处：dwawingArea. repaint()

【解析】第 1 处注册监听器参数应为事件源，应为 MyMouseListener；第 2 处 Java 是大小写敏感的；第 3 处重绘构件。

第 13 套　上机考试试题答案与解析

一、基本操作题

第 1 处：i<＝100

第 2 处：break

第 3 处：i＋＋ 或 i＝i＋1 或 i＋＝1

【解析】for(;;){}可以构成无限循环，所以第 1 处和第 2 处分别为跳出循环的条件和跳出循环；第 3 处循环条件的自加操作。

二、简单应用题

第 1 处：inputNumber. getText()

第 2 处：JOptionPane. WARNING_MESSAGE

【解析】第 1 处读取用户在文本框的输入内容；第 2 处设定对话框类型为警告对话框。

三、综合应用题

第 1 处：scrollpane. setPreferredSize(new Dimension(300,250))

第 2 处：setDefaultCloseOperation(JFrame. EXIT_ON_CLOSE)

第 3 处：LineNumber LineNumber＝new LineNumber(textPane)

【解析】第 1 处 Java 是大小写敏感的；第 2 处设置窗口关闭方式应使用 setDefaultCloseOperation()方法；第 3 处从下面的 public LineNumber(JComponent component)可以看出 LineNumber()需要 JComponent 型参数。

第 14 套　上机考试试题答案与解析

一、基本操作题

第 1 处：str. charAt(i)

第 2 处：c＝＝′a′

第 3 处：i<str. length()

【解析】第 1 处获得字符串中第 i 个字符；第 2 处判断该字符是否为 a；第 3 处为循环终止条件。

二、简单应用题

第 1 处：implements KeyListener

第 2 处：keyPressed(KeyEvent e)

【解析】第 1 处实现接口监听键盘事件；第 2 处处理键盘事件。

三、综合应用题

第 1 处：extends JFrame implements KeyListener

第 2 处：line1＝"Key typed:"＋e. getKeyChar()

第 3 处：app. addWindowListener(new WindowAdapter())

【解析】第 1 处实现接口应用 implements；第 2 处 Java 是大小写敏感的，获得键盘值应使用 getKeyChar()方法；第 3 处窗体级监听器应注册给接收类。

第 15 套　上机考试试题答案与解析

一、基本操作题

第 1 处：byte

第 2 处：float

第 3 处：long

【解析】本题考查的是数据类型。byte为字节型;float为单精度实型;long为长整型。

二、简单应用题

第1处:new JTable(a,name)

第2处:a[i][j].toString()

【解析】第1处初始化表格变量;第2处取得表格中单元格内容并转换成Double型计算出总成绩。

三、综合应用题

第1处:setJMenuBar(mbar)

第2处:public ConnectDialog(JFrame parent)

第3处:public Boolean showDialog(ConnectInfotransfer)

【解析】第1处参数错误,bar未定义;第2处从下一行的super(parent,"Connect",true);可以看出,这里需要的参数为父窗体;第3处从下面的 return ok;等可以看出,这是一个有Boolean型返回值的函数,故类型应为Boolean。

第16套 上机考试试题答案与解析

一、基本操作题

第1处:new int[20]

第2处:i=0;i<20

第3处:i%2!=0

【解析】第1处定义了长度为20的一维整型数组a;第2处的for循环将数组元素的下标值赋给数组元素;第3处判断数组各个元素下标是否为奇数。

二、简单应用题

第1处:implements TreeSelectionListener

第2处:node.toString()

【解析】第1处实现了一个JTree的监听器接口;第2处将node转换成String型。

三、综合应用题

第1处:extends JPanel implements MouseMotionListener

第2处:super.paintComponent(g)

第3处:contentPane.add(new MousePanel())

【解析】第1处是继承Jpanel实现鼠标移动监听器接口;第2处以g为参数重新绘制组件;第3处在contentPane内容面板中添加一个MousePanel鼠标面板。

第17套 上机考试试题答案与解析

一、基本操作题

第1处:String str

第2处:n=str.length()

第3处:c=str.charAt(n-1)

【解析】第1处定义一个String字符串类型的变量str;第2处将str字符串的长度赋给n;第3处用str的charAt方法获得最后一个字符并赋给c,用n-1来定位最后一个字符。

二、简单应用题

第1处:Point

第2处:nevt.getPoint

【解析】第1处表示获得Point型的坐标给了p;第2处获得鼠标单击的坐标。

三、综合应用题

第1处:extends Applet implements ActionListener,MouseMotionListener

第2处:public void paint(Graphics g)

< 176 >

第 3 处：public void actionPerformed(ActionEvent e)

【解析】第 1 处继承 Applet 实现构件动作监听接口和鼠标移动监听接口；第 2 处定义 paint 绘制图形方法以 Graphics 类对象作为参数；第 3 处 actionPerformed 方法是发生对象的操作事件时调用，以一个监听动作类的对象 e 为参数。

 第 18 套　上机考试试题答案与解析

一、基本操作题

第 1 处：i＝i＋1 或 i＋＋或 i＋＝1

第 2 处：continue

第 3 处：sum＋＝i 或 sum＝sum＋i

【解析】第 1 处 while 循环是累加 1～10 之间除了 5 的自然数之和，将 i 加 1 是为了跳过 5；第 2 处当 i 等于 5 时就跳出本次循环；第 3 处累加 1～10 之间除了 5 的自然数的和将其最终赋给 sum。

二、简单应用题

第 1 处：implements KeyListener

第 2 处：e. getKeyChar()

【解析】第 1 处实现键盘监听接口；第 2 处键盘事件对象 e 调用 getKeyChar() 方法获得用户按下的键盘键值。

三、综合应用题

第 1 处：Container contentPane＝getContentPane()

第 2 处：area. subtract(area2)

第 3 处：area. exclusiveOr(area2)

【解析】第 1 处用 getContentPane() 获得内容面板；第 2 处表示从 area 形状中减去 area2 形状；第 3 处将 area 设置为 area 形状和 area2 形状的组合，并减去相交部分。

 第 19 套　上机考试试题答案与解析

一、基本操作题

第 1 处：String headstr, trailstr

第 2 处：0,5

第 3 处：5, str. length()－1

【解析】第 1 处声明两个 Sting 类型的变量 headstr 和 trailstr；第 2 处从 str 中的初始位置开始截取长度为 5 的子串；第 3 处从 str 第 6 个字符的地址开始向后截取比 str 长度小 1 的子串。

二、简单应用题

第 1 处：Integer. parseInt(buttonstring)

第 2 处：int ButtonNumber

【解析】第 1 处将 buttonstring 转换成 Integer 整型；第 2 处将 int 型 ButtonNumber 作为类 ButtonFrame 的构造函数的参数。

三、综合应用题

第 1 处：Color color ＝ chooser. getColor()

第 2 处：chooser. setColor(color)

第 3 处：public Object getTransferData(DataFlavor flavor)

【解析】第 1 处获得 chooser 的颜色赋给 color；第 2 处将 chooser 的颜色设置为 color；第 3 处该方法返回一个对象，且该对象表示将要被传输的数据。

 第 20 套　上机考试试题答案与解析

一、基本操作题

第 1 处：new java1(name, age)

第 2 处：int age

第 3 处：this. name＝name

【解析】 第 1 处用 java1 的构造函数新建了一个 java1 的对象 temp,并且带有两个参数 name 和 age;第 2 处是构造函数的另一个参数;第 3 处将字符串"Tom"传递给构造方法 java1(String name,int age)实现对数据成员的赋值。

二、简单应用题

第 1 处：implements MouseMotionListener

第 2 处：extends MouseAdapter

【解析】 第 1 处实现了 MouseMotionListener 接口鼠标移动事件的监听;第 2 处是继承 MouseAdapter 这个抽象类。

三、综合应用题

第 1 处：Class TabManager implements ItemListener

第 2 处：public void itemStateChanged(ItemEvent ie)

第 3 处：java3. this. repaint()

【解析】 第 1 处实现了 ItemListener 接口,用于捕捉带有 Item 的组件产生的事件;第 2 处接口中定义的 itemStateChanged (ItemEvent e)将执行需要在已选定(或已取消选定)项时发生的操作。而这里的 ie 是具体的 ItemEvent 对象,作为参数被传递;第 3 处调用 repaint()方法重绘。

 第 21 套　上机考试试题答案与解析

一、基本操作题

第 1 处：j＜5 或 j＜＝4

第 2 处：j＝0

第 3 处：i＋＋ 或 i＋＝1 或 i＝i+1

【解析】 整个程序是要将最小的数组元素放到 min 里并输出。思路是将二维数组看成一维然后逐个遍历。第 1 处因为数组一共有 5 列;第 2 处、第 3 处为遍历同样看做一维数组的下一组数据元素,并做归零或加 1 运算。

二、简单应用题

第 1 处：DefaultMutableTreeNode

第 2 处：TreePath

【解析】 第 1 处创建一个内容为 TOP 的 top 树结点;第 2 处因为 getPathForLocation(int x,int y)返回由参数 x、y 来确定指定位置的结点路径。

三、综合应用题

第 1 处：public class java3 extends Frame

第 2 处：btStop. setEnabled(false)

第 3 处：java3. this. stop()

【解析】 第 1 处定义一个继承了 Frame 窗口类的 java3 类;第 2 处暂停按钮 stStop 的 setEnable 属性为 false,不可用;第 3 处是单击"复位"调用 stop()方法停止计时;ResetListener 主要作用是当用户单击"复位"时,它首先停止计时然后将时间清零,最后修改各个按钮的状态,即是否可用的状态修改。

 第 22 套　上机考试试题答案与解析

一、基本操作题

第 1 处：InputStreamReader ir

第 2 处：true

第 3 处：break

【解析】 第 1 处构造一个 InputStreamReader 对象,把从控制台输入的字节作为参数,构建一个读取数据用的 InputStreamReader 流,读取字节将其解码为字符;第 2 处 while 条件为真,执行循环;第 3 处当输入的 s 中的内容为 quit 时,跳出循环。

二、简单应用题

第 1 处：text1. addTextListener(this)

第 2 处：textValueChanged(TextEvent e)

【解析】第 1 处注册文本监听器；第 2 处 textValueChanged 在对象中的文本内容发生变化时，就会被触发并执行该方法所定义的操作。

三、综合应用题

第 1 处：extends JFrame implements MouseListener,MouseMotionListener

第 2 处：getContentPane(). add(statusBar,BorderLayout. SOUTH)

第 3 处：public void mouseEntered(MouseEvent e)

【解析】第 1 处实现了两个接口，前者是鼠标单击事件的监听者，后者是鼠标移动事件的监听者；第 2 处实现初始化容器并添加一些控件 statusBar 状态栏控件；第 3 处 mouseEntered() 的作用是当鼠标进入某个组件时触发相应的动作，如实现本题的信息显示功能。

第23套　上机考试试题答案与解析

一、基本操作题

第 1 处：int a,int b

第 2 处：maxNum＝a

第 3 处：return maxNum

【解析】第 1 处定义 max() 方法中的两个整型形参；第 2 处将两者中较大的赋给 maxNum；第 3 处返回最大值。

二、简单应用题

第 1 处：choice. getSelectedItem()

第 2 处：choice. getSelectedIndex()

【解析】第 1 处是获取当前选中项的数据；第 2 处清除选中项的索引号。

三、综合应用题

第 1 处：int i＝0;i＜keys. length();i＋＋

第 2 处：kb. addKeyListener(new KeyEventHandler())

第 3 处：system. out. println(evt. getKeyChar())

【解析】第 1 处是作为遍历 keys 中元素的条件，而 keys 中的字符元素就是各个按钮对应的字符。第 2 处注册键盘事件监听功能，KeyButton 实现了 KeyLIstener 接口，而 kb 是 KeyButton 类的对象，所以它是合格的监听者。第 3 处将从键盘读到的字符输出。

第24套　上机考试试题答案与解析

一、基本操作题

第 1 处：sum＝0

第 2 处：pos％2＝＝1 或 pos％2! ＝＝0

第 3 处：pos＋＋ 或 pos＋＝1 或 pos＝pos＋1

【解析】第 1 处给整型变量 sum 赋初值；第 2 处为判断数组中元素下标为奇数的条件；第 3 处是元素下标加 1 继续遍历。

二、简单应用题

第 1 处：PlafPanel

第 2 处：plaf

【解析】第一处由题意可知，类 PlafPanel 缺少构造函数，所以填 PlafPanel。第二处是通过 String 类型的对象 plaf，和 UIManager. setLookAndFeel() 方法实现显示风格的切换。

三、综合应用题

第 1 处：txtPassword. setEchoChar('＊')

第2处：txtPassword. getText()

第3处：txtUsername. setEditable(true)

【解析】第一处是通过 TextField 类的 setEchoChar 函数设置用户输入时，文本框显示的文本。第二处是通过 TextField 类的 getText 函数获取用户的输入，即得到密码值。第三处是使用户名文本框变为可用，使用户可以输入。

第25套　上机考试试题答案与解析

一、基本操作题

第1处：year＝Integer. parseInt(s)

第2处：catch

第3处：year%4==0&&year%100!=0||year%400==0

【解析】第1处是将 String 型的 s 转换成整型；第2处是捕获异常的 catch 子句，用来处理由 try 所抛出的异常事件；第3处是判断是否为闰年的条件，即能被4整除且不能被100整除的或能被400整除的就是闰年。

二、简单应用题

第1处：implements ActionListener

第2处：evt. getSource()

【解析】第1处是实现 ActionListener 接口，程序中有窗口监听器的注册；第2处返回 ActionEvent 动作事件的最初发生对象。

三、综合应用题

第1处：setLayout(new FlowLayout(FlowLayout. LEFT))

第2处：button. addActionListener(this)

第3处：s＝ta. getSelectedText()

【解析】第1处是设置构件的对齐方式为左对齐的且纵横间隔都是5个像素的布局管理器；第2处是为按钮注册监听器；第3处是在文本域 ta 中得到选中文本，将其赋给 String 类型的 s。

第26套　上机考试试题答案与解析

一、基本操作题

第1处：int a,int b

第2处：int sum

第3处：return sum

【解析】第1处是 add 方法的两个整型的形参；第2处是声明一个整型的变量 sum；第3处是求得 sum 值后，返回 sum。

二、简单应用题

第1处：flash

第2处：System. exit(0)

【解析】第1处是作为 Dialog 对话框的参数，第2处表示系统关闭退出整个应用程序，参数0表示正常关闭。

三、综合应用题

第1处：File f＝new File(". "). getAbsoluteFile()

第2处：int i＝0;i＜files. length;i++

第3处：private class FileListDragSourceListener extends DragSourceAdapter

【解析】第1处是通过绝对路径创建一个 File 对象 f；第2处是 files 中是 f 文件所在目录下的所有文件名列表，此处就是遍历这些文件名；第3处是定义了一个 FileListDragSourceListener 类继承用于接收拖动源事件的抽象适配器类 DragSourceAdapter。

第27套 上机考试试题答案与解析

一、基本操作题

第1处:i++

第2处:continue

第3处:sum++

【解析】第1处是为往后遍历做自加;第2处是结束本次循环;第3处是如果符合不及格这个条件,则 sum 做累加统计。

二、简单应用题

第1处:implements ActionListener,MenuListener

第2处:setMnemonic

【解析】第1处是实现了 ActionListener 接口,MenuListener 接口;第2处是设置 Help 的快捷键为<H>。

三、综合应用题

第1处:addMouseListener(new MouseEventListener())

第2处:g. setColor(colorValues[chColor. getSelectedIndex()])

第3处:class MouseEventListener extends MouseAdapter

【解析】第1处是注册鼠标监听器,主要是单击动作;第2处是设置 Graphics 类对象 g 的颜色通过将从 chColor 中选中的字符串转换成 colorValues 类型来实现;第3处定义一个 MouseEventListener 类来继承 MouseAdapter 鼠标事件适配器。

第28套 上机考试试题答案与解析

一、基本操作题

第1处:i<args. length

第2处:args[i]

第3处:i++

【解析】第1处判断是否到了字符串的结尾;第2处结合 while 循环输出各个字符;第3处循环条件自加以便遍历整个字符串。

二、简单应用题

第1处:import java. awt. event. *

第2处:f. setVisible(true)

【解析】第1处是引入 awt 包下面的 event 包里面的所有类;第2处使 Frame 类对象 f 可见。

三、综合应用题

第1处:lstList. getSelectedIndex()+1

第2处:lstList. getSelectedItem()==null

第3处:lstList. remove(lstList. getSelectedIndex())

【解析】第1处是从当前所选列表项向后移一位;第2处是表示当前未选中表项即为 null;第3处是清除所选项目的索引。

第29套 上机考试试题答案与解析

一、基本操作题

第1处:i<3;i++ 或 i<=2;i++

第2处:j=0;j<4;j++ 或 j=0;j<=3;j++

第3处:sum=sum+arr[i][j]

【解析】第1处、第2处是由该数组是3行4列的数组而得出的遍历数组的循环条件;第3处是将数组元素累加并将最终累加结果赋给 sum。

二、简单应用题

第1处：super. paintComponent(g)；

第2处：Font. BOLD

【解析】第1处是通过 super 语句调用父类的构造方法 paintComponent(g)。第2处是通过字体对象的构造函数，设置 "Java 二级考试！"格式，题目要求是粗体，所以大 Font. BOLD。

三、综合应用题

第1处：public Rectangle2D find(Point2D p)

第2处：private class MouseHandler extends MouseAdapter

第3处：find(event. getPoint())==null

【解析】第1处定义一个返回类型为 Rectangle2D 的 find 函数且有一个 Point2D 型的形参；第2处定义了继承鼠标适配器 MouseAdapt 的 MouseHandler；第3处判断 find 函数的返回值是否为空。

 第30套　上机考试试题答案与解析

一、基本操作题

第1处：char c1,c2

第2处：c1==c2

第3处：str1. equals(str2)

【解析】第1处声明两个字符型变量 c1 和 c2；第2处表示当 c1 等于 c2 时 if 条件为真；第3处判断 str1 和 str2 是否相等，返回值是布尔类型 true 或 false。

二、简单应用题

第1处：public void init

第2处：frame. show()

【解析】第1处是定义一个公有的初始化函数；第2处显示 frame 窗口。

三、综合应用题

第1处：upper. setLayout(new BorderLayout())

第2处：class ButtonListener implements ActionListener

第3处：this. c = c

【解析】第一处令面板 upper 采用 BorderLayout 布局。第二处是要求类 ButtonListener 实现 ActionListener 接口，达到通过按钮改变字体颜色的目的。第三处是设置按钮前圆形的颜色。